걱정 많은 어른들을 위한
화학 이야기

윤정인 지음

걱정 많은 어른들을 위한 화학 이야기

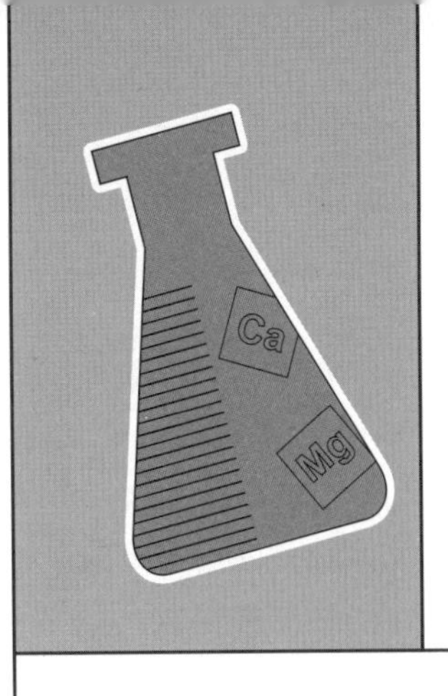

윤정인 지음

엄마 과학자 윤정인의
생활 밀착 화학 탐구서

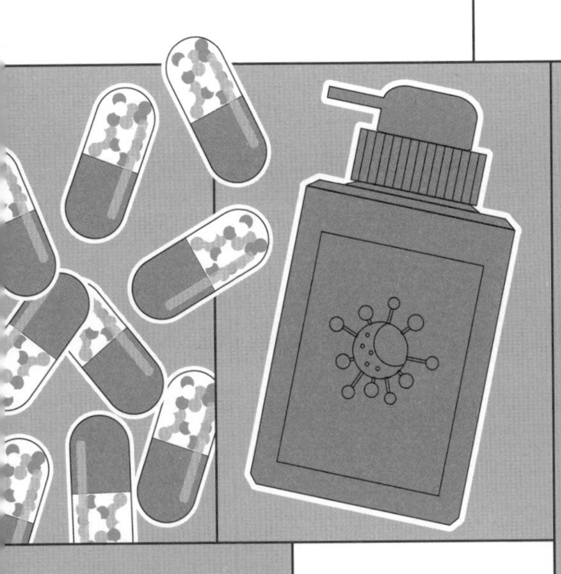

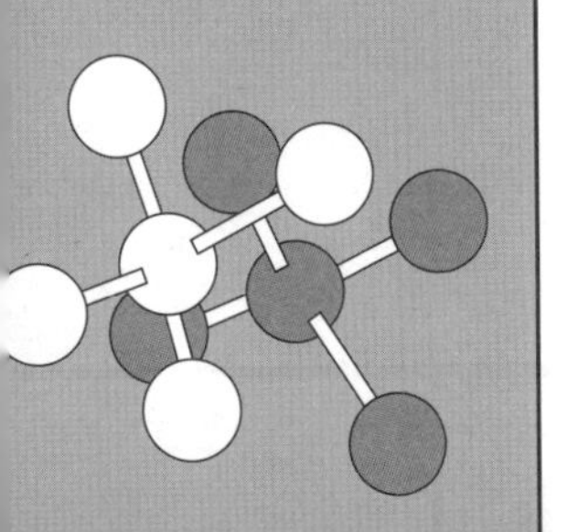

푸른숲

추천의 말

아침부터 저녁까지, 먹고 바르고 닿고 입은 모든 것을 떠올려본다. 우리가 접하는 일상의 많은 것들은 천연 또는 인공으로 그 근원은 달라도 대부분 화학의 결과다. 화학이 없다면 우리는 단 하루도 지금처럼 살 수 없다. 해열제, 소독제, 자외선 차단제는 우리를 지켜주고, 고분자 화합물 플라스틱은 우리 삶을 편리하게 한다. 화학이 우리에게 어떤 편의를 주는지, 어떤 위험이 있는지, 그리고 어떻게 안전하게 이용할 수 있을지, 이 책을 보면 알 수 있다. 엄마 화학자가 자신의 생생한 경험과 함께 최신 과학 지식을 들려주어 더 믿을 수 있다. 화학물질이라는 말만 들어도 두려운 사람들, 하지만 그 앞에 '천연'이 붙으면 선뜻 마음을 놓는 모든 이가 꼭 읽어야 할 책이다.

김범준 성균관대학교 물리학과 교수,
《세상물정의 물리학》 저자

우리는 수많은 화학물질에 둘러싸여 살고 있다. 그러나 건강과 편리함을 위해 만들어낸 화학물질이 때로는 공포를 일으키기도 한다. 케모포비아가 되지 않으려면, 또한 화학물질의 오용으로 인한 피해자가 되지 않으려면, 화학에 대한 기본적인 지식과 함께 그 화합물에 대한 구체적인 이해가 필요하다. 이 책은 과학자이자 엄마인 저자가 생활 속에서 흔히 접하는 약품이나 생활용품을 어떻게 효과적으로 사용할 수 있는지 전문지식을 풀어서 자세하게 설명해주고 있다. 화학물질은 무조건 위험한 것인지, 면역력이란 올바른 용어인지, 천연 물질은 다 좋은 것인지 등 흔히 잘못 알고 있던 점들도 친절하게 바로잡아준다. 복잡한 현대 사회를 현명하게 살아가고자 하는 모든 시민이 반드시 읽어야 할 책이다. 특히 미래 사회를 이끌어갈 청소년과 아이를 키우는 부모에게 더 유용할 것이다. 화학물질을 현명하게 판단하고 사용하는 것은 코로나 시대를 극복하고 지속가능한 미래를 여는 기본 소양일 테니까.

한문정 서울사대부여중 과학교사,
신나는과학을만드는사람들 회원

‘소독, 살균, 멸균의 차이는 뭐지?’, ‘자외선 차단제에 적힌 SPF, ++(플러스)는 무엇을 뜻할까?’, ‘어떤 해열제를 먹어야 할까?’ 코로나19를 겪으며 내 몸에 대한 관심과 나를 지키기 위한 정보에 대한 갈증이 커졌다. 이에 반해 잘못된 정보들이 인터넷에 넘쳐난다. 직간접적인 피해 사례도 번번히 들린다. 특히 약의 경우 오남용으로 인한 피해는 자칫 심각한 부작용을 낳을 수 있다. 이 책을 읽으며 “이 책 한 권이면 평생 내가 먹을 다양한 약들에 대해 최소한 잘못된 복용을 피할 수 있겠구나” 싶었다. 뿐만 아니라 화학물질을 대할 때 무엇을 조심하고, 무엇을 두려워하지 않아도 될지 알게 되었다. 이 책을 읽으면 아이들이 좋아하는 슬라임부터 우리가 매일 먹는 약 그리고 일상생활에서 쓰이는 다양한 화학제품들까지, 그 원리부터 꼭 알아야 할 필수 상식까지 두루 얻게 된다. 과학자이자 과학 커뮤니케이터로서 연구해온 나도 우리 생활에 꼭 필요한 과학 상식이 이렇게나 많다는 사실에 신선한 충격을 받았다. 이 책은 단순히 지식을 충전하는 것을 넘어, 가족, 친구, 사랑하는 사람의 삶을 지켜주는 책이 될 것이다. 소중한 사람들에게 선물하기 위해 장바구니에 이 책을 담아본다.

엑소(이선호) 과학 커뮤니케이터

머리말
화학, 알고 나면 일상이 편안해집니다

나는 아침에 눈 떠서 밤에 눈 감을 때까지 실험 걱정을 하는 화학자다. 전날 진행한 실험이 성공적으로 마무리 될지 혹은 그렇지 않을지를 걱정하는 것으로 하루를 시작하곤 한다. 가끔 정말 성공할 것 같았던 실험이 실패하고, 실패할 줄 알았던 실험이 성공하는 걸 경험할 때는, 연구에는 가끔 행운을 가장한 '우연'도 필요하다는 생각을 하곤 한다. 우연이라는 어떤 현상이 새로운 길을 열어주는 결정적 상황이나 계기로 작용할 수도 있다. 나는 우연히 화학을 공부하게 되었고, 화학은 알아갈수록 아주 매력이 넘치는 학문이었다.

화학이란 학문의 근원에 대한 여러 과학자들의 이야기

를 종합해보면, 화학은 지구 탄생의 순간부터 존재했다고 볼 수 있다. 인간이 '우연'히 발견한 불로 토기를 단단하게 굳히고, 음식을 익혀 먹고, 유리나 청동을 이용하기 시작한 그 모든 순간이 화학반응으로 인한 것이다. 우연히 발견한 화학반응들이 결국 인류 문명의 발전을 가져왔다는 점에서 화학은 과학적 발견이라는 우연이 과학기술이라는 운명을 이끌어내는 멋진 학문이란 생각이 든다.

사실 화학은 언어와 같다. 주기율표의 원자는 글자와 같고, 이 글자들이 모여 분자라는 단어를 만들어낼 때는 규칙이 존재한다. 마치 한글의 단어가 자음과 모음이 만나 하나의 소리를 내는 것처럼, 화학 역시 주기율표의 다양한 원자들이 합쳐져 하나의 의미를 나타낸다. 국적이 다른 화학자들이 원소기호만 가지고 대화가 가능하다는 점 역시 화학을 언어와 같다고 생각했던 이유다.

화학의 또 다른 매력은 연구 결과가 눈에 보이는 무엇으로 만들어진다는 점이다. 누군가에게는 OLED 패널이, 누군가에게는 반도체 소재가, 나에게는 약이 그 무엇이다. 많은 연구자들은 인간의 삶을 이롭게 하기 위해 화학을 연구한다. 나 역시 수없이 실험에 실패하면서도 사람의 생명을 살리는 약을 만드는 일에 종사한다는 나름의 사명감 혹은 자부심이, 험난했던 석박사 과정을 버티

게 한 원동력이기도 했다.

그런데 엄마가 된 뒤 아이 친구 엄마들을 만나고, 육아 커뮤니티 세계에 입문하면서 생각보다 화학에 대한 사람들의 공포심이 크다는 것을 알게 되었다. 일상 속 제품들, 예를 들어 장난감, 물티슈, 치약 등 아이 용품부터 세제, 샴푸, 프라이팬 등의 일상생활 용품, 심지어 아플 때 먹는 약까지 세상의 모든 화학제품이 의심의 대상이었다. 처음에는 내가 좋아하는 화학이 전면적으로 부정당하는 것 같아 서글프기도 했다. 그런데 실제 대학에서 강의를 해보니, 학생들 역시 화학제품을 의심하거나 두려워하며, 화학에 대한 잘못된 정보가 생각보다 널리 퍼져 있다는 사실을 알게 되었다.

화학제품은 어쩌다가 의심의 대상이자 공포의 대상이 되었을까? 소비자들은 전문가들을 믿고 제품을 구입한다. 하지만 소비자들의 신뢰를 저버린 일부 기업들이 사회적 참사를 빚어냈고 그것에 대해 책임을 지지 않아 소비자들이 분노했고, 이런 사건들이 잇달아 일어나면서 화학제품에 대한 공포심이 더욱 커졌다.

유해한 화학제품에 관한 여러 논란을 이용해 공포감을 조장하는 마케팅과 정확하지 않은 정보로 공포심을 퍼뜨리는 미디어 역시 케모포비아를 만드는 데 크게 일조하고 있다. 문제는 사람들이 접하는 일반적인 정보가 이런 공포심을 바탕으로 하고 있다는 점이다.

우리 몸은 화합물로 구성되어 있고 우리는 화학반응에 따라 움직인다. 자연 역시 마찬가지다. 자연에 있는 모든 것들은 화합물로 구성되어 있기 때문에 과학자들은 화학실험을 통해 자연의 화합물을 만들어낼 수 있다. 반대로 자연에 없던 물질을 화학반응을 통해 새롭게 만들어낼 수도 있다. 이러한 일이 가능한 이유는 모든 물질이 화합물 그리고 원자로 구성되어 있기 때문이다. 만약 원자를 레고 조각이라고 한다면, 각각의 레고 조각이 모여 사람, 물병, 자동차 등과 같이 다양한 형태를 갖는 분자란 물질을 만들 수 있다.

천연이든 합성이든 모든 물질은 분자와 같은 화합물이 되면, 개별적인 성질이 새롭게 나타나고, 그에 따라 좋은 점이 드러나기도 하고 나쁜 점이 두드러지기도 한다. 즉 천연이라서 무조건 좋고 합성이라서 무조건 나쁘다고 판단할 수 없다는 의미다. 우리 모두의 성격이 다른 것처럼 화학물질 역시 모두 성격이 다르다. 그러니 우리가 올바른 정보만 잘 선별할 수 있다면 화학물질의 유해성 여부를 잘 판단하고 충분히 대응할 수 있다.

나는 내 주변 사람들 그리고 수업을 듣는 학생들만이

라도 좀 더 편하게, 너무 두려워하지 말고 화학물질과 화학제품을 접하기 바라는 마음에서 이 책을 썼다. 화학이 무섭고 피해야 하는 대상이 아니라, 생각보단 어렵지 않고 약간의 화학 원리를 알면 걱정 없이 화학제품을 대할 수 있다는 것을 이야기하고 싶었다. 그래서 주변 사람들이 가장 많이 하는 질문과 일상에서 많이 사용하는 제품, 또 매년 대학교 수업에서 회자되는 주제들을 추려 화학물질과 제품이 만들어지는 원리부터 유해성에 대한 개념, 화학제품을 더 안심하고 쓰는 방법까지 두루 다루었다.

이 책이 누구나 집이나 회사에 한 권씩 두고, 필요할 때마다 꺼내 읽는 화학 이야기책이 되기를 바란다. 이야기책에 가깝게 느껴지도록 전문용어를 여러 번 풀었다 다시 썼다를 반복했던 노력이 독자들에게 가닿기를 바란다. 물론 사심을 담아보자면, 사람들이 이 책을 읽고 화학을 좀 더 좋아해 준다면 더할 나위 없이 기쁠 것 같다.

내 좁은 세계를 넓힐 기회를 만들어준 사랑하는 아이와 지인들 그리고 많은 고민을 던져준 학생들이 있어 이렇게 책을 마무리할 수 있었다. 독자 여러분들이 화학에 대한 세계관을 넓히는 데 이 책이 도움이 되길 희망한다.

2022년 여름, 엄마 과학자 윤정인

차례

3부. 쓸모 있는 화학

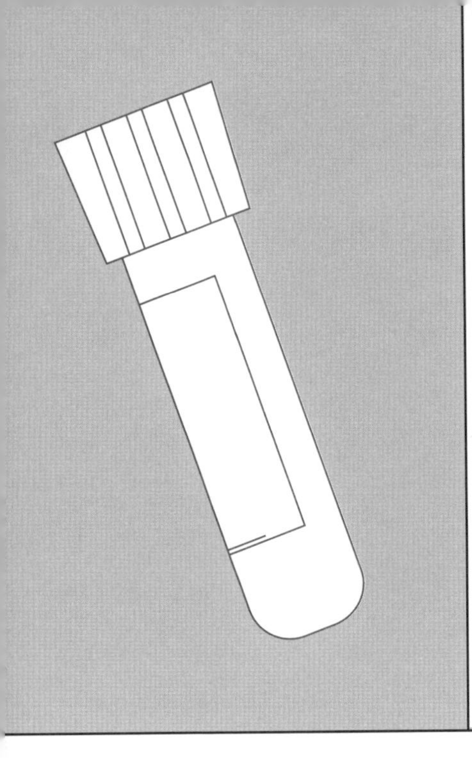

1부

지키는 화학

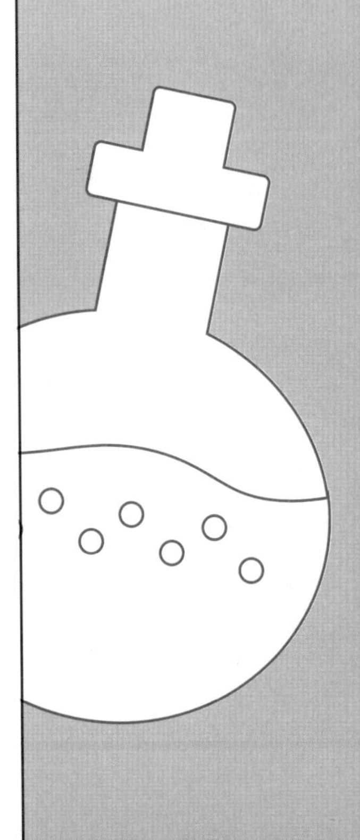

해열제:
열 나는 인간의 필수품

아이들은 열이 참 잘 난다. 전반적으로 아이들의 기초체온은 어른들에 비해 약간 높다. 평균적으로 6~7세가 되기 전까지의 영유아 평균 체온은 37℃ 초반으로 알려져 있다. 초등학생 정도는 되어야 아이들의 체온이 어른들의 체온과 유사한 36~37℃ 정도를 유지하게 된다.

그렇다면 흔히 말하는 정상체온의 범위는 무엇일까? 사실 정상체온은 어떤 특정 온도를 말하는 것이 아니다. 정상체온은 만 18~40세 성인 남녀의 모든 체온을 평균치로 낸 일종의 범위다. 일반적으로 생리 현상, 호르몬 주기, 환경 변화에 따라 체온이 변한다. 식사 후 소화가 되는 과정에서 대사 반응이 촉진되며 체온이 살짝 오르기

연령(만 나이)	정상체온
0~1세	37.5~37.7℃
3~5세	37.0~37.2℃
7~9세	36.7~36.8℃
10세 이상	36.6℃

표 1. 연령별 소아 정상체온 범위

도 하고 또는 병원을 방문할 때 불안하면 체온이 오르기도 한다.

또한 체온은 시간대에 따라 변하기도 하는데, 변화 폭은 약 0.5~1.0℃이며 대개 오전 6시에 가장 낮고, 오후 4~6시에 가장 높다고 알려져 있다. 심지어 체온의 측정 위치에 따라 오차 범위가 다른데, 일반적으로 입안(경구)이나 직장(우리 몸의 배설기관인 대장의 제일 끝부분부터 항문까지)에서 직접 측정했을 때가 체내와 가장 가까워 오차가 적으며, 손목이나 이마와 같이 외부 날씨에 영향을 받는 신체 부위의 경우 실제 체온과 1~2℃ 정도 차이가 날 수 있다고 한다. 겨울에는 조금 낮게, 여름에는 조금 높게 말이다.

한마디로 체온은 몸에 이상이 없어도 36~38℃ 안에서 얼마든지 변할 수 있다. '열이 난다'고 할 때 38℃ 이상을 기준으로 하는 이유다. 38℃가 넘었다고 해도, 의사가 상태 확인 후 해열제 복용 여부를 판단한다.

발열, 우리 몸을 지키기 위한 전략적 방어

먼저 열의 개념과 원리부터 살펴보도록 하자.

과학에서는 열이 나는 것을 '발열'이라고 한다. 해열제는 체온이 비정상적으로 높아졌을 때 그것을 낮추는 데 쓰이는 의약품을 말하며, 시상하부에 있는 체온 조절 중추에 작용하여 체온을 떨어뜨린다. 일반적으로 진통 효과가 있어 해열 진통제라고도 부르고, 간혹 소염제로도 쓰인다. 그렇다면 해열제에 왜 염증을 없애는 기능이 있는 걸까? 우선 이 어려운 말들이 무엇을 의미하는지를 좀 더 들여다보자. 일반적으로 열이 나는 과정을 아주 간단하게 정리해보면 다음과 같다.

1. 외부에서 발열 인자가 들어옴(병원균, 세균독소 등).

→ 해석: 감기가 걸리거나 염증이 생기는 등 일단 몸에 병이 남.

2. 발열 인자가 체내에 있는 세포를 자극해서 내인성 발열 물질이 나옴. → 해석: 몸에 침입한 균을 제거하기 위해 몸 안에 있는 면역체계들이 바쁘게 움직이기 시작함. 3. 내인성 발열 물질로 인해 시상하부는 중심 체온이 새로운 기준점에 도달할 때까지 열 생산을 증가시킴. → 해석: 몸에 침입한 세균이나 바이러스가 약해지고, 이 틈에 백혈구가 세균이나 바이러스를 없앨 때까지 열이 오르게 됨.

표 2. 열이 나는 과정

열이 나는 것은 우리 스스로 몸을 지키기 위한 전략적 방어다. 세균이나 바이러스는 고온에서 활동을 잘 못하는 반면, 세균이나 바이러스랑 싸워야 하는 우리 몸의 항체나 백혈구는 체내의 열이 올라가도 활발하게 활동할 수 있기 때문이다. 한마디로 정리해보면 우리 몸이 체온을 올림으로써, 적군이 더워서 기절하거나 혹은 행동이 느려지는 타이밍을 기똥차게 잡아서 백혈구가 싸워 이기도록 하는 전략인 셈이다.

열이 발생하는 과정을 근거로 들면서 열은 자연스러운 현상이고, 약을 먹지 않고 이 열을 이겨내야 비로소 면역력이 증가한다고 말하는 사람들도 있다. 고열인 아이를 두고 해열제를 먹일지 말지 고민하는 부모들도 있다. 그 바탕에는 복합적인 요인이 있다. 먼저 해열제의 독성이나 그것에 대한 내성이 걱정되거나, 아이가 자연 치유 능력을 상실해 훗날 어른이 되었을 때 소위 말하는 면역력이 감소하지 않을까 하는 걱정 말이다.

그렇다면 열이 나는 것을 방치하는 일은 의학적으로 올바를까? 그리고 열이 나는 이유를 따져보지 않고 무조건 열을 스스로 극복해야 한다고 보는 시선은 과학적일까? 아이가 고열일 때 해열제 복용을 고민하는 것은 과연 아이를 위한 일일까?

앞서 말했듯 열이 나는 것은 자연스러운 현상이다. 정상적인 면역 반응이니 말이다. 그런데 가끔 체온이 급격하게 올라가는 경우 체내 산소 소비량이 높아져 조직이 빨리 소모되거나 다른 조직에 영향을 줄 수 있다. 흔히 말하는 탈수나 열성경련과 같은 증상이 대표적이다. 흔히 병원에서 해열제를 권고하는 이유는 이렇게 열이 나는 것이 몸에 문제를 일으킬 가능성이 있을 때 그것을 미연에 방지하기 위함이다. 다른 조직에 문제를 일으킬 정도

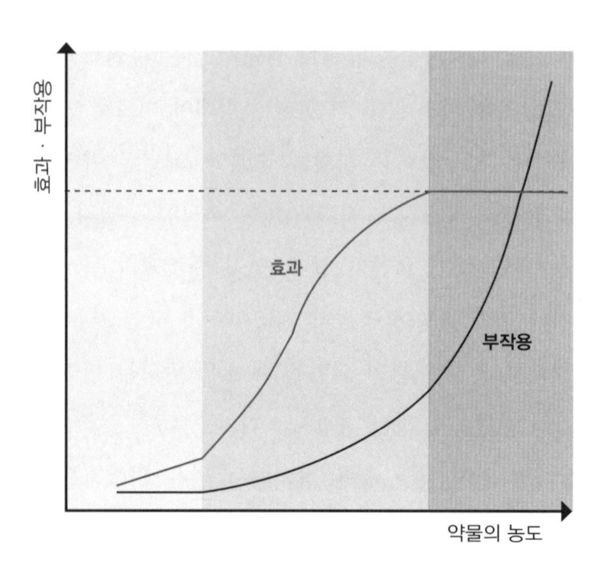

그림 1. 약의 천장 효과

라면 그 열은 굉장히 높기 때문이다. 물론 해열제는 만능 치트키가 아니기 때문에 복용한 후에도 상태가 회복되지 않거나 열이 잡히지 않고 다른 증상이 나타난다면 병원에 빨리 가는 것이 가장 안전하다.

내성도 착각이다

먼저 진통제가 우리 몸 안에서 어떻게 작용하는지 알아보자. 마약성 진통제가 아닌 이상 우리는 내성에 시달릴

일이 없다. 약효가 없는 것 같다는 느낌이 든다면 그 이유는, 약효가 퍼지는 속도가 느리거나 약의 천장 효과 때문일 경우가 더 많다. 아무리 약을 많이 먹어도 약이 몸에 들어가서 나타내는 통증을 감소시키는 최고치가 있는데 이를 천장 효과라고 한다.

우리가 약을 먹으면 약은 체내에서 소화되어 그 성분들이 온몸으로 퍼진다. 그리고 약물이 퍼지면서 통증이 서서히 줄어든다. 그림 1의 파란색 선처럼 진통이라는 효과를 누리는 셈이다. 이미 약을 먹어서 아픔을 잊은 상태에서는 약을 더 먹는다고 해서 아픔을 더 잊게 되는 것이 아니라는 말이다. 좀 더 자세히 설명하자면, 통증이 있을 때 약을 먹으면 약효가 퍼지는 것을 느낄 수 있지만, 통증이 없을 때는 약을 먹어도 통증이 가라앉는다는 느낌을 받지 못하기 때문에 약효가 없다고 '착각'을 하게 된다. 그리고 그것을 내성이라고 또다시 '착각'한다. 즉, 약은 통증이 있을 때 먹어야 듣는 거지, 약효를 유지하고 싶다고 해서 계속 약을 먹으면 아픔을 쭉 잊어버리는 게 아니라 그냥 간만 고생시키는 셈이다.

나는 보통 아이가 열이 39℃가 넘으면 그제야 아이에게 해열제를 준다. 38℃ 정도는 우리 아이 기준에서 볼 때 열도 아니기 때문인데, 주변의 몇몇 사람들은 내가 과학자라서 또는 해열제의 내성에 대해 잘 알고 있어서 아이에게 약을 주지 않는다고 생각한다. 그건 전혀 사실이 아니며, 나도 아이에게 해열제를 먹인다는 것을 여기에서 밝혀둔다.

사실 해열제, 정확히 말해 해열진통제는 억울하다. 결론부터 말하면, 내성은 마약성 진통제에 한해서 발생하는 것으로 알려져 있다. 약국에서 구매할 수 있는 일반 진통제나 해열제는 비마약성 진통제로 분류되는 제품군으로 내성이 존재하지 않는다. 아이들에게 처방되는 진통제 역시 성인이 먹는 것과 같은 비마약성 진통제이다. 즉, 먹으면 열도 잡고 통증도 잡아서 아이들의 상태도 빨리 회복된다.

어떤 해열제를 먹어야 할까

대개 아이들이 먹는 해열제는 성분에 따라 크게 타이레놀과 부루펜 두 가지로 분류한다. 좀 더 정확히 성분명으로 표시하자면, 아세트아미노펜 계열과 이부프로펜 계열로 나뉜다. 아세트아미노펜 계열은 비스테로이드성 계열의 진통제이고 이부프로펜 계열은 비스테로이드성 항염증제로 분류된다. 참고로 아스피린은 이부프로펜 계열과 화학구조는 다르지만 역시 비스테로이드성 항염증제로 분류한다. 아세트아미노펜은 해열과 진통 작용만 있고, 이부프로펜과 아스피린은 해열+진통 작용에다가 플러스 알파로 항염(소염) 효과까지 있다. 이부프로펜 계열이 어떤 면에선 아세트아미노펜 계열보다 좀 더 진화된 형태라고 볼 수 있다.

아이들이 열이 날 때, 병원에서 매번 같은 해열제를 처방해 주지는 않는다. 그 이유는 열이 나는 원인이 다르기 때문이다. 단순 감기 때문일 수도, 혹은 염증 때문일 수도 있다. 발열 자체가 질병이 아니라 다른 질병에 의해서 파생되는 현상이므로, 의사는 아이의 열이 어떠한 이유로 나타났는지를 확인하고, 약을 처방한다. 그리고 이때 아이가 복용해야 하는 기침약, 비염약, 항생제 등등 다른 약과 함께 복용해도 문제가 없는 해열진통제를 처방할 것이다. 그런데 의사가 처방한 약을 의심하는 사람들도 있다. 경험적으로 우리 아이는 타이레놀을 먹어야 열이 내리는데 의사가 부루펜을 준 것이 이상하다거나 처방받은 약을 먹였는데 열이 잡히지 않는다 등등의 이유로 말이다.

병의 원인이 다르고, 우리 몸의 면역 시스템이 어떻게 반응해서 열이 발생했는지를 사실 정확하게 알아낼 수는 없다. 열이 나는 원인이 그때그때 다르다는 얘기다. 그러니 약효 역시 랜덤일 수밖에 없다. 지난달에 열이 났을 땐

타이레놀이 잘 들었는데, 이번 달에 부루펜이 더 잘 들을 수도 있다. 그리고 부루펜보다 덱시부펜이 더 잘 드는 경우도 있다. 의사도 진료 한 번으로 아이의 몸속에서 벌어지고 있을 백혈구의 사정을 모두 확인하는 것이 불가능하다. 보통 아이들은 3일간 코감기에 걸려 고생하다 4일째부터는 폐렴이 되기도 하고, 그 폐렴이 낫고 6일째부터 다시 장염에 걸리기도 한다. 옆에서 지켜보는 부모도, 진료하는 의사도 예측하기가 참 어렵다.

그럼에도 불구하고 의사의 처방을 믿을 수 없다면, 의사에게 부탁하거나 질문을 해보는 것도 방법이 될 수 있다. 나는 가능하면 의사와 진료실에서 필요한 대화를 나누려고 한다. 가령 지난번 처방에서는 부루펜을 아이가 먹지 못했으니 덱시부프로펜으로 변경해달라고 요청하거나, 해열제를 처음부터 두 가지로 받아오기도 한다. 아세트아미노펜 계열 하나, 이부프로펜(덱시부프로펜) 계열 하나 이렇게 받아와서 교차 복용 후 잘 먹히는 약으로 쭉 먹인다.

아! 그리고 덱시부프로펜과 이부프로펜은 같은 약이라고 봐야 한다. 단순히 약을 만든 회사가 다르거나 이름만 바뀐다고 해서 다른 종류의 약은 아니다. 정확하게는 다른 계열의 약이라고 표현을 하는데, 가끔 약들 중에는 처음 나온 약을 새롭게 개량해서 더 좋은 효과를 끌어내는 경우가 있다. 덱시부프로펜과 이부프로펜이 바로 여기에 속하는 제품이다. 사실 처음엔 이부프로펜만 있었다. 그러다 과학자들은 이부프로펜의 울렁거림을 없애기 위해 연구를 했고, 이부프로펜의 사촌정도 되는 아이를 탄생시키는데 그게 바로 덱시부프로펜이다. 결국 같은 집안이다. 그래서 둘은 한 그룹으로 분류한다.

그러한 이유로 해열제에서 다른 종류의 약이라고 하는 것은 아세트아미노펜 vs 이부프로펜(덱시부프로펜)이란 사실을 꼭 기억하는 것이 좋다. 덱시부프로펜은 이부프로펜의 업그레이드 버전이므로, 교차 복용을 한다며 부루펜과 덱시부프로펜을 같이 먹이면 우리 아이는 위장간 부작용이라고 불리는 소화불량, 구토, 궤양성 출혈 등과 소변을 못 보는 부작용으로 인해 병원에 가야 하는 비극적인 참사가 벌어질 수도 있다.

그렇다고 덱시부프로펜이 이부프로펜보다 반드시 더 효과가 빠르고 열을 더 잘 내린다고 보기는 어렵다. 하지만 '이부프로펜(상품명: 부루펜) 먹으면 토할 것 같아요' 하는 아이들에게 더 나을 수도 있다. 약 먹고 토하는 부작용을 보완한 약물이기 때문이다. 하지만 어느 약이 잘 맞는지는 아이마다 다르므로 두 가지 계열의 약으로 시험해

보는 것을 추천하고 싶다.

현대 과학과 의학의 발전으로 우리는 기대수명이 늘어난 세상에서 살고 있다. 진통제와 마취제가 생기면서 많은 치료가 가능해졌고, 해열제를 복용하고 항생제가 발견되면서 단순 세균 감염이나 고열로 인한 탈수 증상으로 사망하는 일 역시 줄었다. 우리는 이렇게 과거보다 더 나은 환경에서 살고 있다. 그런데 자꾸 자연으로 돌아가야 한다는 이야기가 있다. 자연 치유가 중요하고, 모든 병을 자연에서 치료할 수 있다는 사람들도 있다. 옛날엔 다 이렇게 키웠다고 한다. 맞는 말이다. 과거에 우리는 자연 속에서 아프면 버텼고, 열이 나도 버텼다. 그리고 많이 죽었다. 돌잔치, 백일잔치를 애초에 왜 치르게 됐는지를 한번쯤 생각해본다면, 약을 무턱대고 피하는 것이 과연 옳은 일인지 제대로 판단할 수 있지 않을까.

방부제:
본질을 지키고 변질을 막다

대학에서 가짜 과학에 관한 수업을 한 적이 있다. 자료를 찾아보던 중 접한 인상적인 내용은 바로 약이 방부제 덩어리라는 내용의 '카더라 통신'이었다. 실제로 학생들에게 방부제 하면 어떤 생각이 드는지 물어보았다. 대부분 "방부제는 몸에 나쁘다", "방부제는 불필요하다" 등 부정적인 반응이 많았다. 방부제가 의약품이라면 어떨 것 같은지 묻는 질문에 "불량 식품처럼 잘못 만들어진 약이란 생각이 들 것 같다"라는 반응도 있었다.

방부제에 대한 두려움은 멀리 갈 것도 없이 주변에서도 쉽게 발견된다. 의외로 병원에서 주는 약을 믿지 못하는 사람이 많다. 바이러스는 인간의 면역력으로 극복할 수 있다고 생각해서 독감 주사를 거부하거나 백신에 포함된 방부제에 수은이 들어 있어 중금속 오염이 염려된다며 백신을 맞지 않는 경우도 있다. 나름의 타당한 의심이겠지만 방부제는 위에 말하는 것처럼 불량 식품에만 포함되는 것도 아니고 사람을 위험하게 할 정도로 많은 용량이 약에 사용되지도 않는다. 방부제를 무서워하는 이들에겐 미안한 소식이지만, 백신을 포함한 모든 의약품에는 유통 과정에서 생기는 미생물이나 세균 등으로 인한 오염을 방지하기 위해 일정량의 방부제가 첨가되어 있다.

방부제는 물질의 부패를 막는 물질이다. 지구상의 많은 생물체는 유기물로 구성되어 있다. 우리는 유기물로 구성된 식물을 먹고, 동물도 가공해서 먹고 있는데, 이러한 동식물성 유기물은 미생물이라는 또 다른 존재에 의해서 언제든지 부패할 수 있다. 미생물은 유기물을 변화시키는 것을 좋아한다. 과일이나 고기가 썩는 등의 부패는 미생물이 유기물을 인간에게 해롭게 변화시키는 일에 해당된다.

미생물이 인간에게 유익한 변화를 일으키기도 하는데 이것을 발효라고 부른다. 이렇듯 인간은 오랜 세월 생존에 유익한 방향의 지식을 습득했다. 먹으면 죽는 것, 죽지 않는 것을 구별할 수 있게 되었고, 장기간 보관할 수 있는 보존 방법도 발견하여 저장 음식을 만들어 굶지 않게 되었다. 발효를 비롯해 절임, 훈제 등을 이용해 피클, 잼, 햄 등 장기간 보관이 가능한 다양한 식품을 개발했다. 최초의 방부제는 식품의 발전과 함께 시작된 셈이다.

방부제는 미생물을 사멸하려는 목적의 살균제나 소독제와는 다르다. 세균의 발육을 저지하고 미생물이 번식하는 것을 억제하는 역할도 있지만, 일반적으로 말하는 방부제는 식품, 의약품, 화장품 등의 변질을 막고 그것을 사용하거나 보관하는 동안에 세균과 미생물로부터 제품을 보호하는 역할을 한다.

의약품과 화장품 그리고 장기간 유통되는 식품류에는 기본적으로 보존 처리가 필요하다. 아니 정확하게 말해 보존 처리를 하지 않으면 유통이 불가능하다. 허가도 불가능하다. 상하면 큰일이 벌어지기 때문이다. 의약품과 화장품은 식품처럼 언제든지 상할 수 있다. 즉 썩을 수 있다는 의미다. 연고처럼 사람 손이 닿는 것들은 손에 번식하는 미생물에 늘 노출될 수 있고, 드링크제나 물약은 뚜껑을 따는 순간 미생물에 노출된다. 이러한 이유로, 의약품을 장기간 보관하고 유통하기 위해 방부제를 사용한다. 식품에 식품첨가제가 들어가는 것처럼, 의약품 방부제는 의약품에 들어가는 첨가제 중 한 가지다. 약은 약국에서 바로 받아오는데, 왜 방부제가 필요하냐고 묻는다면, 의약품이 어떻게 개발되고 생산되고 유통되는지에 대한 이해가 필요하다.

유효 성분이란 무엇일까

방부제는 일정 기간 동안 약을 미생물과 세균으로부터 보호해준다. 약이 실제로 몸에 들어가 약효를 나타내는 물질을 유효 성분이라고 한다. 가령 쌀을 생각해보자. 우리는 벼에서 수확한 쌀을 밥이라는 형태로 가공해서 먹는다. 이 쌀을 의약품에 비유해보면, 밥이라는 형태로 가공된 상태가 바로 약이고, 그 약 안에 있는 진짜 본질, 즉 유효 성분은 쌀이라고 생각할 수 있다.

처음에 사람들은 밥만 있어도 괜찮다고 생각한다. 그러다가 점점 밥을 좀 더 맛있게, 좀 더 다양하게 먹기 위한 노력을 하게 된다. 어느 회사에서는 콩밥을, 어느 회사에서는 볶음밥을, 어느 회사에서는 김밥을 만들어서 출시했다고 하자. 그러나 이 모든 밥의 유효 성분은 결국 쌀이다. 무엇을 넣건 쌀을 사용했다는 본질은 변하지 않는다고 보면 된다.

타이레놀의 유효 성분은 아세트아미노펜이다. 바로 쌀

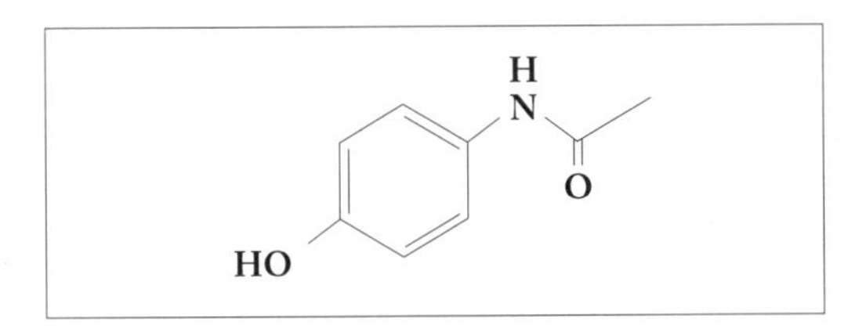

그림 2. 아세트아미노펜 구조식

인 셈이다. 그렇다면 진통제 종류마다 유효 성분이 다 다를까? 다른 경우도 있고 같은 경우도 있다.

흰밥을 타이레놀이라 치면, 게보린이나 펜잘 등의 진통제는 아세트아미노펜이라고 하는 쌀을 포함한 또 다른 제품이 된다. 이것들이 바로 콩밥이나 김밥 등 밥의 응용 버전인 것이다. 이름은 달라도 결국 다 밥이다. 뉴스에서 보도되는 신약을 개발했다 혹은 유효 성분을 발견했다는 의미는 이런 쌀을 찾아냈다는 것을 말한다. 아직 그 쌀로 밥을 짓지는 못했다는 이야기다.

타이레놀, 게보린정, 펜잘큐정 안에는 유효 성분인 '아세트아미노펜'이 공통적으로 들어가 있고, 이 아세트아미노펜이 우리 몸 속에서 진통 효과를 발휘하는 것이다.

이렇게 잘 만들어진 콩밥과 콩나물밥 그리고 그냥 밥은 방부제가 없으면 미생물과 세균 때문에 상하게 되므로 최초의 유효 성분인 쌀이 제 역할을 할 수 없게 된다. 그렇다면 피부 외용제(연고제)에는 왜 방부제가 들어가는 걸까? 역시나 답은 같다. 미생물 때문이다. 반찬을 만들었다. 반찬을 상하지 않게 오래도록 보관하기 위해 우리는 반찬을 덜어서 먹는다. 손 말고 도구를 사용해 음식을 덜어야 한다. 그리고 상식적으로 알고 있듯이, 먹던 음식은 침이 들어가고, 침에 있는 미생물로 인해 상한다. 사람 손가락이 닿고, 면봉이 닿고, 이래저래 공기 중에 자꾸 노출되어 미생물과 만나게 되는 운명을 타고난 연고제는, 수시로 만나게 될 손가락의 미생물을 피해 살아남기 위해서라도 방부제가 필요하다.

그럼에도 불구하고 방부제가 싫다는 사람들이 있을 수 있다. 그렇다면 이 경우, 선택을 해야 한다. 상처가 나서 2차 감염을 막기 위해 연고를 발라야 하는데, 그 연고에 방부제가 없어 2차 감염을 막으려다 미생물을 오히려 번식시킬 것인가, 아니면 그냥 소량의 방부제로 미생물을 막아 안전하게 상처를 치료할 것인가?

성분 확인과 보관이 중요하다

약을 전국 또는 전 세계 곳곳으로 보내 누구나 복용하고 바를 수 있도록 하기 위해서는 방부제가 필수인데, 어떤 방부제를 얼만큼 넣을지도 고민해야 한다. 물론 모든 약에 방부제가 들어 있진 않다. 코로나 백신의 경우가 그러한데, 의약품 방부제로 약속된 특정 물질을 넣지 않는 대신, 물질의 보존력을 높여 미생물 번식을 막을 수 있도록 기타 첨가제인 소금, 설탕, 산 등을 넣기도 한다. 그때그때 가장 좋은 품질을 보장할 수 있는 방법을 제약회사에서 선택하여 제조한다.

방부제 이외에 밥에서 향기가 나게 하거나 밥이 좀 더 쫀득쫀득하게 만드는 물질은 첨가제라고 한다. 의약품 첨가제는 앞에서 말한 콩나물밥이나 콩밥을 만들 때 이용할 수 있는, 법으로 규정된 향신료라고 생각하면 된다. 첨가제 중 하나로 분류되는 방부제는 이런 향신료 중 하나로 요리할 때 넣는, 간만 맞추는 정도의 미미한 양인 셈이다. 심지어 넣어야 하는 양은 〈대한민국약전〉이라는 법으로 규정되어 있다. 어차피 규정된 양 이상 못 넣는다. 방부제의 목적은 약의 효과를 낮추고 부작용을 만드는 것이 아니라, 약을 안전하게 잘 관리하여 체내에서 최대의 효과를 나타내도록 하는 것이다.

의약품용 방부제(보존제)는 식약처에 등록되어 있는 것만 사용해야 한다. 만약 등록되지 않는 물질을 사용하려면, 식약처의 심사를 받아 허가를 받아야 한다. 그리고 이

때 반드시 안전성이 확인된 물질만 등록할 수 있다.

한 예로 2021년 식약처는 로사르탄이라고 하는 고혈압 치료제의 불순물이 기준치를 초과했다며 회수 명령을 내린 적이 있다. 식약처는 모든 의약품에 대해 성분을 분석하고, 분석한 정보를 바탕으로 제약회사에서 정직하게 보고를 했는지 파악하고 불순물이 미량이라도 포함되어 있으면 회수 조치를 내린다. 그렇다면 식약처는 약에 포함된 불순물이 위험해서 회수한 걸까? 사실 그렇지 않다. 식약처에서는 위험성과 안전성에 대한 모든 과학적 근거를 확보하고, 안전하다고 확인된 제품에 한해서 판매를 허가한다. 그렇기 때문에 위험한지 아닌지 모르는 불순물의 경우, 정확한 정보가 없기 때문에 허가를 하지 않고 일단 회수 조치를 한 것이다. 생각보다 식약처의 허가 기준은 굉장히 보수적이다. 다행히 로사르탄에서 발견된 불순물은 환자들에게 유해성이 거의 없다는 결론이 나와 해당 약은 현재 판매 중이다.

또한 모든 의약품에 방부제가 쓰이는 것이 아니라 실험을 통해 정말 필요한 경우에만 사용하기 때문에 지레 겁먹지 않아도 된다. 자신이 먹는 약에 들어가는 방부제 혹은 보존제의 종류가 궁금하면 의약품의 포장 뒷면이나 동봉된 설명서에서 성분을 확인해보자. 더 많은 정보는 식품의약품안전처에서 제공하는 의약품안전나라 홈페이지에서 확인할 수 있다. 약을 보관할 때는 설명서의 보관 방법을 확인하고 그대로 잘 따르는 것을 추천한다. 의약품안전나라에서 약 이름을 검색하면 모든 정보를 확인할 수 있다. 심지어 첨가물에 주의할 사항이 있는 경우 그 내용까지 확인이 모두 가능하므로 설명서가 없는 경우 활용해보자.

나는 약 구매 후 포장 박스와 설명서를 항상 보관한다. 약에 대한 정보를 더 쉽게 확인할 수 있기 때문이다. 특히 박스 겉면에 약의 사용 기한이 찍혀 있으므로 언제쯤 버려야 하는지도 확인이 가능하다. 그리고 처방받은 약은 6개월이 지나면 버리는 것을 추천하며, 연고나 크림 같은 경우에도 개봉 후 최대 6개월 안에 사용하거나, 남으면 버려야 한다. 그래서 나는 6개월 주기로 상비약을 정리한다. 안약이나 시럽제는 한 달 내에 소진해야 한다. 특히나 방부제가 없는 인공눈물은 개봉 후 하루가 지나면 남아 있더라도 미련 없이 버려야 한다. 유효기간이 지나면 약의 유효 성분이 손상되었을 확률이 높기 때문이다.

마지막으로 약을 아무 데나 버리면 절대로 안 된다. 약은 체내 흡수를 위해 물에 잘 녹도록 설계되어 있어, 수질오염의 주범이 될 수 있다. 심지어 이런 약의 유효 성분은 생태계를 교란시킬 위험이 있으므로, 꼭 의약품 수거통에 폐기해야 한다. 약국과 보건소에 가면 의약품을 버리는 통이 있으므로 단골 약국에 확인해보는 것이 좋다. 조금 귀찮더라도 일반 쓰레기가 아닌 분리수거가 필요하다는 부분을 기억한다면 그리고 식약처에서 확인할 수 있는 정보를 잘만 확인한다면, 약을 먹으면서 두려움에 떨지 않아도 될 것이다.

소독제:
전염을 막기 위한 첫 단추

코로나19는 삶의 많은 부분을 변화시켰다. 몇 가지 규칙을 지키면 감염되지 않는 게임을 하듯 우리는 감염을 막기 위해 규칙을 수행하고 있다. 마스크를 쓰고, 손을 자주 씻고, 손소독제도 쓰고, 게다가 수시로 소독을 해야 한다는 규칙 말이다.

초기 팬데믹 상황에서 우리는 마스크를 구할 수 없고, 가격이 치솟고, 손소독제가 떨어져 사람들이 혼란에 빠지는 상황을 목격했다. 시판되는 소독제를 구하지 못하게 되니 직접 만들려는 사람들이 증가했고, 그 덕에 소독제의 주재료인 에탄올을 구하지 못해 실험용 에탄올까지 덩달아 구하기 어려워진 해프닝도 있었다. 마스크 역시 수급 대란이 일어나면서, 실험실에서 사용하는 보건용 마스크도 구하기 어려워지는 기현상이 함께 나타났다. 지진, 해일 정도의 자연재해가 벌어지지 않는 한 멈추지 않는다는 연구실 스케줄에 '재료 수급 비상'이라는 이슈가 생길 정도로 코로나19의 영향은 강력했다.

내가 화학자임을 알고 있는 여러 지인들은 소독제를 만드는 방법, 혹은 소독제 대신 사용할 수 있는 것들에 대한 정보를 물어보곤 한다. 소독제를 구하기 어려웠던 시기에는 소독제를 대체할 수 있는 물질들을 알려주기도 하고, 소독제를 만드는 기본 레시피를 알려주기도 했는데, 사실 위급한 사항이 아니었다면 굳이 집에서 에탄올 소독제를 만드는 일은 추천하지 않았을 것이다. 만에 하나라도 비율을 잘못 섞어 쓴다면 다칠 수도 있고, 소독제의 역할을 제대로 할 수 없을지도 모르기 때문이다.

소독, 살균, 멸균의 차이는?

현재 우리가 접하는 방역 용품에는 '소독', '살균', '멸균', 이 세 단어가 기준 없이 혼용되고 있다. 세 가지 용어를 잘 구분할 필요가 있는데, 이 단어들이 꼬이고 꼬인 덕에 어떤 의미인지도 모르는 상태에서 위험하게 사용되고 있다.

균을 없애는 강도를 부등호로 표현해보면, 대략 이런

순서다.

소독 〈〈〈 살균 〈〈〈〈 멸균

소독이란 병의 감염이나 전염 등을 막기 위해 바이러스, 세균, 곰팡이 등 병원균을 죽이는 것을 말한다. 소독은 저항성이 없는 박테리아 포자와 같은 미생물까지 죽이지 못한다. 우리가 햇빛에 이불을 말린다고 해서 이불에 있던 집먼지 진드기가 모두 사망하지 않듯이, 또 욕실 청소할 때 끓는 물로 청소했다고 하여 욕실 곰팡이로부터 완전히 도망갈 수 없듯이, 소독은 소독일 뿐 균을 모두 박멸했다는 의미는 아니다.

반면, 살균은 다르다. 살균은 세균을 포함한 모든 형태의 미생물을 약품이나 혹은 높은 열로 완전히 저세상으로 보내버리는 것을 말한다. 다시 말하면 물리적·화학적인 방법을 동원하여 균을 파괴하는 것이다.

자매품으로 자주 사용하는 용어로 멸균이 있다. 이 멸균은 살균보다 더 강하게 처리하는 것을 뜻한다. 즉, 살균이 인체에 유독한 병원체가 되는 세균을 없애는 것이라면, 멸균은 인체에 유해하든 무해하든 관계없이 그냥 모든 세균을 죽이는 것을 말한다. 소독보다는 살균이 미생물을 더 많이 없애고, 살균보다는 멸균이 미생물을 없애는 데 더 효율적이다.

손소독제 살 때 확인할 것들

손소독제가 모자라던 시기, 급한 대로 소주라도 써야 한다는 이야기가 있었다. 소주 역시 에탄올로 만들어진 제품이므로 이론상 가능해 보인다. 에탄올은 바이러스와 세균을 파괴하기 때문이다. 그러나 한 가지 문제가 있다. 시중에 파는 소주는 대략 25~30%의 알코올을 함유한 물인데, 에탄올이 소독제로 역할을 제대로 하려면 그 비율이 60~70%는 되어야 한다. 즉, 소주를 소독제로 쓰기엔 에탄올의 비율이 너무 낮다. 굳이 소주로 뭔가 소독을 하고 싶다면, 소주를 증류하여 고순도의 에탄올을 분리하거나 알코올 도수가 70%는 거뜬히 넘는 보드카와 같은 아주아주 독한 증류주를 뿌린다면 그럭저럭 효과를 볼 수 있을지도 모른다. 그러나 재난 영화에서 보듯 술을 뿌리고 수술을 하는 등의 촬영을 할 일이 아니라면 실제 보드카로 소독할 일은 없다.

손소독제가 급하게 필요한데 구하기도 어려운 경우라면 어쩔 수 없겠지만, 직접 만들어 쓰기를 굳이 추천하지 않았던 이유는 비율 계산이 어렵기 때문이다. 실험실에서 사용하는 실험용 에탄올은 대략 99.9%, 98.5%로 농도가 높다. 그러나 약국에서 판매되는 소독용 에탄올은 희석되어 농도가 낮다. 우리가 시중에서 구매하는 손소독제는 기업에서 100%에 가까운 고순도 에탄올과 글리세린, 과산화수소수를 피부에 자극 없이 소독이 가능하도록 비율을 맞춰 혼합해 파는 제품이다. 우리가 집에서 따라 만들 수 있는 혼합 비율이 아니며, 집에서 만들어 쓰는 화장품이나 비누와 달리 잘못해서 에탄올을 과하게 넣는 경우, 손에 화상을 입는 아찔한 상황이 벌어질 수도 있다. 반대로 에탄올 함량이 너무 적으면 손소독제 안에서 미생물이 무럭무럭 자라는 참사도 벌어질 수 있다. 걱정이 된다면, 차라리 손을 자주 씻도록 하자.

손소독제 말고 우리가 흔히 접하는 비슷한 제품 중에는 손세정제도 있다. 같은 제품처럼 판매되고 있지만, 사실 이 두 가지는 엄연히 다르다. 손소독제는 말 그대로 손 소독을 위한 제품이고, 손세정제는 손을 씻기 위한 제품이다. 손세정제를 손소독제인 것처럼 포장해서 소독 효과가 있다고 홍보하지만, 손소독제가 아닌 경우도 있다는 이야기이다.

손소독제와 손세정제를 구별하기 위해서는 어떻게 해야 할까? 가장 쉬운 방법은 이것이 의약외품인지를 확인하는 것이다. 손소독제는 식약처 심사를 거쳐 의약외품으로 허가를 받아야 한다. 의약외품이란 질병을 치료, 경감, 처치 또는 예방할 목적으로 사용되는 제품으로 의약품은 아닌데 질병을 예방하기 위해 사용하는 제품이다. 예를 들면 충치를 예방하기 위한 치약 혹은 가글액, 눈병 예방을 위한 눈 세척제 등이다. 손소독제는 판매 전 심사를 통해 효능과 효과를 입증하지 못하면 판매할 수 없다. 반면 손세정제는 화장품으로 분류된다. 의약외품의 제품 설명서에는 효능과 효과가 기재되어 있으나, 화장품류는 의약외품과 같은 효능과 효과를 기재할 수 없다. 따라서 손소독제를 구매할 때는 의약외품인지 꼭 확인하고 구매하는 것이 좋다.

손소독제를 구매할 때 우리가 확인해야 하는 사항이 더 있다. 첫 번째는 성분이다. 현재 손소독제 유효 성분은 에탄올, 이소프로판올, 염화벤잘코늄 이 세 가지인데, 뒷면에 이 세 가지 성분 중 한 가지가 유효 성분으로 적혀 있는지를 확인해야 한다. 즉 세 가지 성분 중 한 가지는 꼭 있어야 한다는 뜻이다. 그 외의 성분은 인체에 쓸 수 없다.

두 번째로 확인해야 하는 것은 사용 용도다. 에탄올 품귀 현상으로 인해 인체가 아닌, 물건이나, 가구, 건물 등의 살균소독제로 사용되는 성분을 손소독제 혹은 손세정제로 사용 가능하다며 판매해 문제가 되기도 했다. 물론 살균제를 사용했기 때문에 미생물은 파괴되었겠지만, 인체에 적합한지를 시험하지 않은 제품이기 때문에 유독성이나 유해성을 알 수 없다. 인체용은 인체용으로만, 무생물용은 무생물용으로만 사용하는 것이 중요하다. 무생물에 쓸 때 좋았다고 사람에게 꼭 좋다는 보장이 없지 않겠는가?

간혹 분무형 액상 소독제를 쓰는 경우가 있는데, 분무는 호흡기에 위험하다. 일반적인 소독제는 피부 표면 혹은 물질의 표면에 붙어 있는 미생물을 파괴하는 용도로 사용 허가를 받는다. 즉, 피부를 다치게 하거나 혹은 피부 안으로 침투하지 않으면서 피부 표면에 살아 있는 미생물의 세포막을 파괴함으로써 소독을 하는 것이다. 그런데 분무형 소독제를 뿌리면 미세한 소독제 분자들이 호흡기를 통해 몸 안으로 들어올 수 있다.

운 나쁘게 소독제 분자가 호흡기를 통해 들어온다면, 폐로 직접 들어가는 사태가 벌어진다. 이러한 소독제 분자들이 몸에 켜켜이 쌓여 향후 어떤 문제가 발생하게 될지 아직 알 수가 없다. 분무 소독제를 써야 한다면 반드시 다음 사항을 유의하자. 분무 소독제는 공중에 뿌리는 것으로 충분히 소독되지 않으니, 반드시 마스크를 쓰고 천에 분무를 한 뒤 물건을 닦아내야 한다. 물건을 모두 닦았다면 환기를 해서 혹시라도 공기 중에 남아 있을 소독제를 내보내는 것이 호흡기 건강에 더 유익하다. 물론 미세먼지가 걱정될 수는 있겠으나, 살균제 흡입이 더 위험하다는 사실을 인지하도록 하자. 마스크를 끼고 환기하는 방법도 있다.

우리는 미생물과 함께 살아간다

과거 인간은 미생물을 박멸해야 하는 대상으로 생각했다. 실제 미생물 탓에 많은 전염병이 돌았고, 당시에는 참 많은 사람이 죽을 수밖에 없었다. 아이를 낳다가 사망하거나, 혹은 산후 몸조리를 잘 하지 못해 평생 질병을 안고 살아가는 여성들도 많았다. 출산 후 대표적인 세균 감염으로 알려진 산욕열은 과거 산모들만 걸리는 전염병이라고 여겨졌다. 이는 오스트리아의 의사였던 이그나츠 제멜바이스Ignaz Semmelweis의 연구로 인해 손을 씻지 않는 의사들로부터 전파된 세균 감염이라는 사실이 밝혀져 위생의 중요성을 상징하는 사례가 되었다. 출산 직후 태반박리나 상처가 생긴 산모들을 의사들이 손을 씻지 않고 진료한 탓에 세균 감염이 발생했고, 그로 인해 많은 이들이 사망했던 것이다.

지금 우리는 손만 잘 씻어도 세균 감염을 충분히 예방할 수 있다는 사실을 알고 있지만, 이러한 기본적인 소독법도 제대로 보급되지 않았던 과거, 특히 습기가 많고 위생 상태가 불량한 전쟁터나 열악한 도시 환경에서는 온갖 병원균이 인간과 함께 살아갔다. 스페인 독감 같은 경우엔 1년 반에 걸쳐 지구를 두 바퀴나 돌았고, 당시 인구 18억 명 중 6억 명이 감염되어 그중 5000만 명이 죽었다는 추정치가 나올 정도로 맹위를 떨쳤다.[1]

1918년 발생한 스페인 독감은 당시 한반도에도 상륙했다. 1918~1919년 한반도와 일본에서도 이 전염병이 퍼졌고, 많은 사람이 사망했다. 당시 상황은 세브란스의학전문학교에 재직하던 캐나다 선교사 프랭크 스코필드 Frank William Schofield 박사의 논문에 나와 있다. 그는 논문에서 일본 당국으로부터 정보를 받은 바가 없어 정확한 수치는 알 수 없으나, 인구의 3분의 1에서 2분의 1이 감염되었을 것으로 추측되며 특히 교사와 학생들의 발병률이 높아 대부분의 학교가 문을 닫았다고 설명하고 있다. 이런 내용으로 보았을 때 아마 당시 상황도 현재 코로나19로 인한 상황과 비슷했을 것이다. 그나마 코로나19는 완벽하지는 않지만 약물 치료가 가능하고 백신이라도 있지, 스페인 독감은 치료제가 없고 젊은 사람들 위주로 감염이 빠르게 전파되었기 때문에, 당시 일본 정부가 할 수 있는 대응책은 거리두기를 위해 모든 시스템을 닫는 것이었을 테다.

당시 이런 전염병에 인류가 제대로 대항하지 못한 이유는 손을 씻어야 한다는 기본적인 예방 수칙을 몰랐고, 소독약도 없었고, 마지막으로 이러한 질병을 일으키는 원인이 무엇인지도 파악하지 못했기 때문이다.

그렇다면 우리가 아는 소독은 언제부터 시작되었을까? 19세기에 이르러 세균을 소독할 수 있는 물질이 드디어 발견되었다. 1843년 독일의 화학자인 프리드리히 페르디난트 룽게Friedlieb Ferdinand Runge는 석탄에서 얻을 수 있는 콜타르라는 물질에서 페놀을 추출하는 데 처음으로 성공했다. 1865년 영국의 의사인 조지프 리스터Joseph Lister가 처음 페놀을 소독제로 사용하면서 무균 수술의 개념이 도입되었고, 이후 20세기에 알렉산더 플레밍Alexander Fleming에 의해 항생제인 페니실린이 개발되자 인류는 미생물로부터 완벽하게 안전해졌다고 생각했다. 그러나 인류의 역사보다 지구상에서 더 오래 살았던 미생물은 진화를 거듭해가며 인류가 만든 항생제의 공격에서 살아남기 위한 고군분투를 시작했고, 그것이 바로 요즘 문제가 되는 슈퍼 박테리아다.

이제 우리는 미생물을 박멸하는 것만이 최선이 아니란 것을 안다. 과도한 항생제 사용으로 미생물이 항생제에 저항력을 갖게 되었고, 이미 인체 내에서 인간과 함께 살아가는 유익한 장내 미생물까지 손상을 입는다는 사실을 알게 되었다. 과학의 발전으로 미생물 중에서도 병을 일으키는 것과 그렇지 않은 것들을 구별할 수 있게 되었다. 인간은 늘 미생물과 공존하고 있고, 미생물에 의해 병이 생기는 것은, 인간의 체력이 떨어졌을 때 병원균이 침투하면 몸이 그것에 저항하지 못해서 발생한다는 것도 알게 되었다.

이제 과학은 미생물을 멸균하는 방향이 아닌, 미생물을 잘 이용해서 인간에게 이롭게 쓰기 위한 방향으로 나아가고 있다. 건강을 위해 유산균을 먹고, 좋은 유산균이 함유된 발효 음식을 섭취하기도 하고, 더 나아가 특정 환경이나 생물체에서 잘 적응해서 살아가는 다양한 미생물을 이용하는 마이크로바이옴 기술을 통해 장내 미생물을 이식하여 질병을 치료하고자 노력하고 있다.

구리 필름과 은나노:
살균에 대한 불안과 믿음 사이

코로나19로 인해 온갖 항바이러스 제품이 쏟아졌다. 특히 엘리베이터 숫자판에 붙어 있는 구리 항균 필름이 눈에 띈다. 한 달 넘게 교체되지 않는 곳들도 많으니 이 필름이 과연 바이러스 차단에 효과가 있을지에 관한 의심이 끊이지 않는다. 대학교 수업에서 코로나와 관련해 연구하고 싶은 주제를 골라서 리포트를 쓰는 과제를 냈는데, 한 분반의 20~30% 학생들이 고른 주제가 "구리 항균필름이 바이러스 차단에 효과가 있을까"였다.

구리는 살균계의 레전드라 할 정도로 인간의 역사와 오래도록 함께했다. 고대 이집트에서 식수 살균과 환자 치료에 사용되었고, 19세기 식기의 재료로 쓰이면서 식중독 예방에 기여했다는 여러 기록이 남아 있다.

구리의 살균력은 이미 의료계에서는 논문으로 여러 편 시리즈가 나왔을 정도로 유명하다. 1983년 구리로 병원 내 문 손잡이를 만들어서 미생물 감염을 최소화시킨 연구, 병원 내 시설 및 장비의 교차 오염을 예방하는 데 구리를 사용한 연구가 진행될 정도였다. 가격이 비싼 은에 비해 구리는 구하기 쉽고 가격도 저렴하니 얼마나 좋은 연구 주제였겠는가?

구리와 구리 항균 필름은 어떻게 다를까

과학자들은 미생물균에 대한 구리의 살균 효과 연구에서 더 나아가 구리가 바이러스를 억제하는지도 연구하게 되었다. 영국 사우샘프턴 대학의 사라 루이스 원즈Sarah Louise Warnes 박사 연구팀은 인간 코로나 바이러스를 사용해서 바이러스가 여러 종류의 물건 표면에서 얼마나 오래 살아남는지를 연구했는데, 타일·유리·고무·스테인리스 스틸의 표면에서 최소 5일을 살아남던 바이러스가 신기하게도 구리 표면에서는 사멸한다는 것을 발견했다. 어떠한 원리인지는 아직 밝혀지지 않았지만, 결과적으로 바이러스가 죽는다는 결론이 나왔고, 연구팀은 미국생화학지 〈mBio〉에 구리 표면재를 공공장소나 설비에 이용하면 바이러스 전파를 막는 데 도움을 줄 것이라는 내용의 논문을 발표했다. 여기에 의견을 조금 덧붙이자면, 안타깝게도 구리는 공기 중에서 산화가 빠르다는 문제가 있다. 순수한 구리는 바이러스 살균력이 뛰어나겠지만, 공기 중에 계속 노출되면 구리에 녹이 슬어서 결국 살균력이 떨어질 수 있다.

이 이야기만 보면 구리 필름은 아무런 문제가 없어 보인다. 하지만 항균용 구리 필름은 실험에서 이용한 구리로 만든 게 아니다. 구리의 살균력을 입증한 연구에서 사용한 재료는 구리 그 자체다. 구리랑 다른 금속을 섞은 합금까지는 실험을 해서 항균 효과를 입증했다고 하니 넘어갈 수 있다. 그러나 필름은 이런 합금도 아니고, 구리 금속도 아니란 것이 문제다.

우리가 엘리베이터에서 만나는 구리 필름은 폴리에틸렌 같은 필름 소재에 구리 입자를 첨가하거나 혹은 코팅한 것이다. 즉 구리 이온을 필름이 감싸고 있는 형태다. 그러므로 우리 손에 직접 닿는 것은 구리 이온이 아니다.

또한 앞에서 소개한 연구에 따르면 바이러스는 구리 금속 표면에서 수 분 내에 사멸했다고 하는데, 구리 필름에서 바이러스가 언제 사멸하는지에 대한 정확한 데이터는 아직 없다. 사람들의 불안 심리와 구리가 바이러스를 사멸한다는 아주 확실한 과학적 사실을 혼합해 만든 마케팅은 커지고 커져서, 이제 항균 필름이라 불리는 구리 필름이 안 붙은 곳이 없다. 결국 환경부는 이 필름이 진짜 효과가 있는지 알아보겠다며 연구에 착수했고, 아직 결과는 나오지 않았다. 항균 필름은 플라시보 효과에 불과한 것인지, 아니면 적게나마 효과가 있는 것인지 나 역시 정말 궁금하다.

엘리베이터 항균 필름의 효과를 나는 아직 믿지 못하므로, 또 누가 만졌는지도 모르니 그냥 손을 자주 씻는다. 식약처 허가 제품들은 대개 전성분표시제를 따르고 있다. 제품에 사용된 모든 화학물질을 공개하고 있는 것이다. 이 물질들은 검색으로 쉽게 물질안전정보를 확인할 수 있다. 물건을 고를 때 되도록 전성분이 표기된 제품을 고르고, '항바이러스, 살균, 항균 등에 완벽하게 효과가 좋다'고 홍보하는 제품은 약간의 거리를 두고 한 번쯤 의심해보는 것이 혼란의 시대를 살고 있는 우리가 할 수 있는 최선이다.

은에 대한 믿음과 살균 마케팅

대부분의 과학기술을 접목한 제품의 마케팅이 늘 그렇지만, 그 제품에 사용된 과학기술은 사실이나 그 제품 자체는 과학과 거리가 멀어진 경우가 많다. 말이 좀 이상하게 들릴 것이다. 다시 말하면, 사실은 사실인데 사실을 이상한 데다 가져다 붙인 것이라고 말할 수 있다. 과거의 은나노 세탁기, 은나노 젖병도 '사실은 있지만, 정확한 실체가 없다'는 점에서 비슷하다고 할 수 있다.

2000년대 초반 화학계의 핫이슈는 나노였다. 나노라는 단위가 나오면서 우리 일상생활을 구성하고 있던 다양한 물질의 크기를 더 작게 줄일 수 있게 되었다. "살균세탁 하셨나요?"라는 광고 문구를 기억하는가? 한 대기업이 출시한 은나노 세탁기 뒤를 이어서 은나노 젖병까지 등장하며 당시 모든 균을 없앤다는 이 살균 마케팅은 어마어마했다.

은Ag은 원소 주기율표 47번 원소다. 고대에는 금보다도 더 몸값이 비쌌다. 지금 우리가 말하는 귀금속에 해당하는 광물들은 자연에서 그대로 채취해 광을 내어 사용하게 된다. 그러나 은은 금과는 달리 순수한 상태로 채굴되는 경우가 적었다. 그러한 이유로 그 가치를 높이려면 반드시 정제해야 했다. 이렇게 손이 한 번 더 간다는 이유로 한때 금보다 더 비싸게 유통되었다.

은은 극미량만으로도 항균과 살균 효과가 강하며, 구리처럼 고대부터 오랫동안 사랑받은 금속 중 하나다. 특히 고대 이집트에서는 상처가 나면 그 부위에 은판을 둘러 치료했다고 한다. 이뿐만이 아니다. 조선 시대에는 독을 확인하는 데 은수저를 사용했고, 침도 은침을 사용했다고 한다. 미국 서부 개척 시대에는 우유를 상하지 않게 하려고 우유통 안에 은화를 넣었다고도 하니, 은에 대한 인간의 믿음은 가히 견고한 벽처럼 두터웠다.

은은 실제로 살균 효과가 있다. 공기 중에 노출된 은이 산소와 만나 산화은이 되는데, 산화은이 세균의 세포막에 달라붙어 세포막을 산화시켜 세균을 파괴한다. 공기 중 산소와 접촉해 산화되면 은이 까맣게 변색되는데, 그 까만 은에는 세균이 살지 못한다. 과거 은나노 세탁기의 원리는 은을 나노 단위의 미세한 입자로 만들고, 이렇게 미세한 은 입자판을 수돗물이 공급되는 위치에 설치하고 여기에 전극을 달아, 물이 들어오면서 은판을 전기분해하면, 은판에 있던 은 이온이 물속으로 들어가서 빨래를 하는 것이다. 쉽게 물에 녹지 않을 것 같은 은을 전기분해 과정을 거쳐 물에 녹을 수 있는 이온 형태로 만들어 살균 효과를 내려고 한 것이다.

은나노 젖병은 은으로 만든 것이 아니다. 은나노 젖병 제품 포장에는 세균 감소 99.9%란 시험 결과가 붙어 있어서 많은 이들이 이를 믿고 구매했지만, 사실 은나노 젖병은 은나노 세탁기처럼 은판을 넣은 것이 아니다. 젖병 재료 중에 은나노 폴리에틸렌이라는 소재가 있는데, 실제 이 소재는 항균 효과가 있다. 그래서 이 소재로 젖병을 만든 회사에서는 이 소재의 시험성적표를 마치 젖병의 시험성적표처럼 소비자에게 광고한 것이다. '재료가 좋으면 완제품도 좋은 거 아냐?'라고 생각할 수 있다. 그러나 소재가 좋다고 해서 최종 제품이 똑같은 성질을 갖게 되지는 않는다. 재료가 좋다고 해서 반드시 훌륭한 음식이 나오지 않듯이 말이다. 실제 은나노 젖병이 일반 젖병과 비교 실험에서 딱히 더 좋은 결과를 보이지 않았다고 알려지면서 많은 사람들이 허탈해하기도 했다.

그렇다면 우리는 어떤 것을 골라야 하는 걸까? 겉포장에 항균, 살균 등의 단어가 적힌 제품은 무조건 식약처 허가를 받았는지를 확인하자. 어떤 제품이 의약외품이나 의료기기로 허가를 받았다면, 효과가 입증되었으므로 이를 확인하고 구매한다면 마케팅의 함정에서 약간은 벗어날 수 있을 것이다.

환기:
공기청정기보다 중요한 이유

밖에서 활동하는 시간보다 실내에 머무는 시간이 늘어나고, 자동차나 지하철, 버스 등 어떠한 형태로든 밀폐된 탈것을 통해 이동하게 되면서 실내 공기에 더욱 예민해지고 있다. 상쾌한 공기를 마시면 더할 나위 없이 좋겠지만, 몇 년간 지속된 코로나19에, 이제는 황사보다 무서운 미세먼지의 폭풍 속에 우리는 상쾌하다는 기분을 언제 느끼려나 싶기도 하다.

이런 현실 때문에 언젠가부터 공기청정기가 필수 가전제품으로 자리 잡았다. 가습기도 에어워셔란 이름으로 출시될 정도로 실내 공기 질을 높이는 것에 대한 사람들의 관심이 더욱 높아지고 관련된 사업도 날로 발전하고 있다. 사실 나는 공기청정기를 구매한지도 몇 년 되지 않았다. 공기청정기나 가습기보다는 환기를 선호하기 때문이다. 집이든 실험실이든 특히 볕이 좋고 바람이 살살 불면 창문을 활짝 열어 두곤 한다. 물론 공기 흐름을 만드는데 벌레는 불필요하기 때문에 방충망은 꼭 쳐둔 상태로 말이다.

내가 환기에 집착하게 된 데는 나름의 타당한 이유가 있다. 실험실은 밀폐된 공간이다. 연구자들이 실험실 외에 머무는 시간이 더 긴 연구실 역시 밀폐된 공간이다. 내가 주로 있었던 유기합성실험실은 다양한 휘발성 유기화합물과 고체·액체 시약으로 가득한 곳이다. 그렇다고 실험실이 위험한 곳은 아니다. 액체 시약은 휘발이 될 수 있어 대부분 흄후드라고 부르는 배기가 잘 되는 곳에서 개봉하고, 가루가 날려 흡입하면 인체에 위험한 시약 역시 모두 배기가 되는 곳에서 사용한다.

실험실은 배기 장치가 워낙 많고, 늘 공기 중 유해 화학물질 농도를 측정하기 때문에 실험자가 흡입하는 농도는 낮다. 게다가 실험실 안에서는 계속 마스크를 갈아 쓰며 일한다. 그래서 위험하지 않다는 것은 누구보다 잘 알지만, 그래도 약간의 유기화합물 특유의 그 냄새랄까, 실험하는 사람들 사이에서 말하는 "실험실 냄새"가 난다.

그 냄새가 싫어서 환기를 자주 했다. 만약 내가 냄새가 좀 날 수도 있는 시약을 사용했다면 다른 팀원들에게 양해를 구하고 실험이 끝난 뒤 꼭 환기를 했다. 애초에 냄새가 나는 실험을 하는 경우엔 주말에 출근을 하기도 했다.

시약 냄새가 나는 것이 거슬려 환기를 하고 실험실 흄 후드는 명절에 일주일 셧다운하는 것을 제외하고 24시간 켜던 습관 때문일까? 나는 집에서도 음식 냄새가 전혀 나지 않는 것을 목표로 수시로 환기를 한다. 집에서 화학물질로 실험을 하는 것도 아닌데 환기를 자주 해야 하는 이유는 무엇일까?

이산화탄소부터 라돈까지, 나쁜 공기의 주범들

사실 실험실이든 집이든 밀폐된 공간의 공기질은 좋지 않다. 왜냐하면 인간이 호흡을 하는 동물이기 때문이다. 우리는 호흡을 통해 공기 중에 있는 산소를 마시고 이산화탄소를 내뱉는다. 밀폐된 공간에 오래 있는 경우, 그 공간에 존재했던 산소를 계속 마시고 이산화탄소를 계속 내보낸다. 즉 그 공간에서 산소의 농도는 줄고, 이산화탄소 농도는 증가한다. 이산화탄소의 농도가 높아지면 졸리거나 심할 경우 구토, 두통 등을 유발한다. 달리는 차 안에서 환기하지 않고 장시간 운전을 하는 경우 졸음이

오는 이유가 바로 이 때문이다.

집 안에서 이산화탄소는 호흡만으로 엄청나게 많이 발생하진 않는다. 호흡 말고 집에서 이산화탄소를 발생시키는 원인은 바로 요리다. 요리를 하면 필연적으로 불을 사용하게 되는데, 집 안에서 탄소 연료가 산소를 만나 산화라는 과정을 거쳐 이산화탄소와 물을 만드는 화학반응인 연소가 일어나는 것이다. 우리가 사용하는 가스레인지의 주 연료는 천연가스이며, 그 주성분은 메탄 CH_4 이다.

$$\underset{\text{메탄}}{CH_4} + \underset{\text{산소}}{2O_2} \rightarrow \underset{\text{이산화탄소}}{CO_2} + \underset{\text{물}}{2H_2O} + \text{에너지}$$

그림 3. 메탄의 연소 반응

천연가스는 공기 중에 있는 산소와 만나 불꽃을 만들어 에너지를 발산하는데, 이때 이산화탄소와 수증기를 함께 생성한다. 다시 말해, 음식을 하는 동안 지속적으로 이산화탄소가 증가할 수밖에 없다.

이산화탄소만이 실내 공기 문제를 일으키는 건 아니다. 호흡과 연소 과정에서 나온 이산화탄소 그리고 밀폐된 환경에서 자연스레 나오는 라돈, 요리하면서 나온 미세먼지 등등 다양한 요소가 실내 공기 질에 영향을 미친다. 물론 그중 가장 큰 지분을 차지하는 것은 이산화탄소와 라돈일 것이다. 이산화탄소가 졸음·구토·두통 등을 유발하는 정도라면, 라돈은 인체에 더 큰 해를 입힌다.

라돈은 자연방사능 물질이다. 주기율표상 원자번호 86번인 라돈은 비활성기체라고 하는 18족에 속한 원소이다. 원소 주기율표에서는 같은 세로줄에 있는 원자들이 비슷한 성향을 가지고 있는데, 라돈이 속한 18족에는 헬륨, 네온, 아르곤, 크립톤, 제논, 오가네손이 있다. 비활성기체는 원자 구조가 매우 안정적이라 다른 물질과의 반응성이 낮다. 비활성기체인 라돈은 세계보건기구가 규정한 1급 발암물질로, 지구 탄생의 순간부터 존재했던 천연 방사능 물질이다. 원래 지구상에 있는 암석으로부터 방출된 라돈이 왜 문제가 된 걸까? 라돈이 만들어지는 과정에서 방사능이 생성되고 이것이 호흡기를 통해 폐로 들어와 폐암을 일으킨다는 사실이 알려졌기 때문이다.

지구 탄생 이후 지구에는 수소처럼 질량이 가벼운 원소, 우라늄처럼 질량이 무거운 원소 등 많은 원소가 존재하게 되었다. 우라늄처럼 질량이 무거운 원소는 수소처럼 가벼워지려는 성질이 있다. 본인이 가지고 있는 짐(=핵)이 너무너무너무 무거워서, 기회를 보며 언제든지 짐을 쪼개서 버릴 생각만 하는데, 이렇게 눈치보다 짐을 버리는 순간 바로 방사능이 붕괴되는 현상이 일어난다.

방사능 붕괴란, 우라늄처럼 불안정한 원자핵을 가진 원자가 안정되기 위해 스스로 고에너지 입자를 방출하거나 전자기파를 방출하는 현상을 말한다. 이때 발생되는 물질 중 하나가 바로 라돈이다. 우라늄은 사실 지각에서 많이 존재하는 원소다. 그리고 위에서 말한 것처럼 불안정하여 자연스럽게 방사능 붕괴 현상을 일으킨다.

라돈도 마찬가지다. 라돈도 우라늄처럼 무거운 원소에 속하고, 그로 인해 비활성기체임에도 불구하고 우라늄과 비슷한 성질을 갖고 있다. 그러한 이유로 라돈 역시 방사성 붕괴가 일어나고, 이때 발생한 방사성 핵종(불안정한 원자핵을 가진 원자)들이 미세먼지랑 붙어서 돌아다니다가 호흡기를 통해 유입될 수 있다. 따라서 라돈 역시 공기질을 저해하는 위험 요소로 예의주시하게 된 것이다.

건물을 지을 때는 그 부지의 토양 또는 암석에서 필연적으로 라돈이 유입된다. 건축자재 역시 광물과 토양을 재료로 만들어지는 만큼 결국 여기에서도 라돈이 발생할 가능성이 높다. 예를 들면 화강암, 인광석, 석회석 안에도 라돈이나 혹은 라돈의 전구물질인 라듐이 들어 있다. 화강암 지대가 대부분인 우리나라의 자연방사능 수치가 높은 이유가 바로 화강암에 라돈이 많이 포함되어 있기 때문이라고도 한다. 결국 의도치 않게 실내에 라돈이 유입된다. 실내 공기질 권고 기준에 라돈 농도도 포함되어 있다. 기준치 이상으로 라돈을 방출하는 건축자재라면 그 자재는 문제가 있는 것이다. 그러나 미세하게 매일 발생하는 라돈을 피하려면 결국 지붕도 벽도 없는 허허벌판에서 사는 수밖에 없으므로, 라돈을 슬기롭게 제거하는 방법을 찾는 것이 빠르다. 앞서 말했듯이, 라돈은 무거운 기체다. 잘 가라앉는다는 이야기다. 이런 라돈 수치를 낮추기 위해서는 환기가 답이다. 아래에 가라앉은 라돈 기체 그리고 미세먼지에 붙어서 돌아다닐 수 있을 물질까지 깔끔하게 내보내려면 맞바람 치게 활짝 창문을 열고 환기하는 게 최고다. 바람으로 이산화탄소와 라돈을 한 번에 날려버릴 수 있기 때문이다.

1가구 2공기 청정기 시대, 기승전 '환기'인 이유

나는 공기청정기는 보조 요법이라고 생각하는 쪽에 가깝다. 공기청정기 회사에서는 간혹 "항균" "항바이러스" 등등의 문구를 사용해 마치 곰팡이와 세균, 바이러스를 공기청정기가 모조리 박멸하는 것처럼 홍보하지만, 만약 공기청정기가 정말 모든 미생물을 박멸한다면, 오히려

집 안에 두고 사용하기 어려울 것이다. 공기청정기 자체가 살균제라면 인체에 해가 될 수 있기 때문이다. 항균 또는 항바이러스란 공기청정기 필터가 곰팡이와 세균 그리고 바이러스가 증식할 수 없게 만들어졌다는 뜻이지 항생제나 소독제처럼 필터가 바이러스를 파괴한다는 의미는 아니다.

공기청정기의 원리는 실내에 오염된 공기를 빨아들여 필터를 통과시켜 공기 안에 포함된 각종 먼지, 세균, 체취, 담배 냄새 등과 같은 유기물을 "흡착"시켜 제거한 뒤, 다시 공기를 내보내는 것이다. 즉 빨아들인 공기 안에 세균이나 바이러스가 포함되었다면 이것들이 필터에 철썩 자석처럼 들러붙고 나머지 공기만 빠져나가는 것이다. 어느 정도 공기를 정화시키는 능력은 있다고 보는 것이 맞을 것이다. 다만 필터를 제때 교환하지지 않으면, 필터의 자석 능력이 점점 떨어져서 붙어 있던 세균이나 각종 먼지가 도로 튀어나올 수 있다.

아무리 공기청정기가 내부의 공기를 순환시킨다 한들, 환기에는 비할 수가 없다. 오랜 시간 밀폐된 공간에서는 이산화탄소, 라돈, 포름알데하이드의 농도가 급격히 상승하는데, 이럴 때에는 공기청정기를 돌려 내부 공기를 거르는 것보다 외부 공기를 유입시켜 유해 물질을 밖으로 내보내고, 이와 동시에 높아진 유해 물질의 농도를 외부 공기로 희석시키는 것이 더 빠르다. 특히 요리할 때는 단시간 내에 이산화탄소의 농도가 급격히 올라가는데, 이때 공기청정기와 환기팬으로 인위적인 공기 흐름을 만드는 것보다 환기하는 편이 공기 순환에 더 좋다.

코로나19 방역 수칙으로 '실내 환기'가 강조되는 이유는 밀폐된 공간에서 공기 중 바이러스 농도가 높아지기 때문이다. 밀폐된 공간에서 이산화탄소의 농도가 서서히 높아지는 것처럼, 만약 실내에 바이러스 보균자가 함께 있고 외부와 내부의 공기 순환이 원활하지 않다면 바이러스 보균자의 비말이 계속 나오면서 결국 공기 중 바이러스 농도가 계속해서 높아질 것이다. 실내 바이러스의 농도가 높아진다는 것은 공기를 타고 바이러스가 돌아다니고 있다는 말이고, 이 공기는 외부에서 내부로 들어오지도, 내부에서 외부로 나가지도 않을 테니 자체 공기 흐름에 따라 바이러스가 실내를 뱅글뱅글 돌아다니게 된다. 심지어 그렇게 돌아다니는 바이러스의 숫자가 계속 증가한다고 상상해보자. 보균자와의 거리에 상관없이 증식된 바이러스는 곳곳으로 퍼질 테고, 결국 바이러스에 노출되는 시간과 확률이 점점 증가할 수밖에 없다. 이쯤 되면 감염이 안 되는 게 더 신기한 상황이 된다.

그러나 만약 환기를 해서 외부에서 공기가 계속 들어온다면, 실내 공기 안에 외부에서 유입된 새로운 공기가 증가하고, 바이러스가 섞여 있던 공기는 희석되거나 밖으로 밀려나가게 될 것이다. 상대적으로 바이러스의 농도는 감소할 것이다.

바이러스를 없애기 위해 밀폐된 공간에 소독약을 뿌렸다면, 공간 안에는 소독약이 가득한 상황이 된다. 이런 공간에 사람이 들어오면 위험할 수 있으니, 어느 정도 소독이 끝나면 사람들에게 유해하지 않도록 반드시 창문을 열고 환기를 해야 한다.

나는 미세먼지가 많은 날이건 많지 않은 날이건 오전에 한 번, 오후에 한 번 그리고 요리 직후 환기를 한다. 아침에는 밤사이 높아졌을 라돈과 이산화탄소 농도가 걱정되기 때문이다. 봄, 여름, 가을만 해도 웬만하면 한두 시간 정도 문을 열어 두는데, 겨울의 경우에는 오전 10분, 오후에 10분 정도로 환기를 한다. 잠깐만 열기 때문에 실내 온도가 떨어지는 것을 막을 수 있고, 공기도 나름 상쾌하게 바뀌는 걸 느낄 수 있다.

환기를 시킬 때는 공기청정기를 끄는 것이 좋다. 공기청정기가 외부에서 들어오는 공기에 민감하게 반응하여 갑자기 강하게 돌아갈 수 있기 때문이다. 공기청정기가 밀폐되어 있던 실내 공기의 질을 좋은 상태로 만들기 위해 열심히 일을 했다고 하자. 그런데 환기를 위해 창문을 열면, 공기청정기가 열심히 일해서 완성한 공기의 성분이 순식간에 바뀌게 된다. 서류 작업을 잔뜩 해서 책상 위에 올려놨는데, 선풍기 방향을 서류로 돌려 그 서류가 싹 다 날아가는 상황과 유사하다. 공기청정기 입장에선 일한 결과물을 날린 셈이고 다시 일을 해야 한다는 생각에 전기를 팍팍 써서 일을 하려고 할 것이다. 그렇게 되면 결국 전기만 낭비하는 꼴이 되지 않겠는가? 탄소배출을 줄이기 위해서라도, 차라리 환기가 끝난 뒤 작동시키는 것이 더 효율적이다.

자외선 차단제:
피부 보호를 위한 선택

햇빛은 인간에게 꽤나 이로운 물질이다. 햇빛을 일주일에 3회, 회당 5~20분 정도만 쬐어도 비타민 D가 만들어지기 때문이다. 비타민 D가 체내에 흡수되면 골다공증, 우울증, 비만 등을 예방하는 효과가 있다. 그러나 안타깝게도 햇빛 역시 양면성을 가지고 있다. 인간의 몸에 비타민 D를 합성할 수 있게 해주는 중요한 역할을 하는 한편, 피부 노화를 촉진시키고, 피부 손상을 일으킨다. 이러한 일을 하는 특정 햇빛을 우리는 '자외선'이라고 부른다.

잠깐 자외선을 쬐는 것은 건강에 좋지만, 장시간 과도한 햇빛에 노출되는 것은 위험하다. 운이 나쁘면 일광 화상이라 해서 햇빛에 의해 피부가 손상될 수 있다. 또한,

자외선을 자주 쬐면 피부 색소에 침착이 일어나 기미와 주근깨가 생길 수 있다. 심지어 피부 노화가 가속화된다는 사실이 알려지면서, 자외선을 차단하기 위한 다양한 방법들이 고안되었다.

태양에서 나오는 빛의 종류 중 우리 일상생활과 떼려야 뗄 수 없는 두 가지 영역이 있다. 바로 우리가 빛을 인지할 수 있게 하는 가시광선과 세균과 미생물을 파괴하는 능력을 지닌 자외선이다.

짧을수록 강한 자외선의 세계

자외선은 파장의 길이에 따라 에너지가 다르며 이는 자외선 A, B, C 3가지로 나뉜다. 파장이란 빛이나 소리같이 눈에 보이지 않는 파동이 한 주기 동안 이동한 거리를 말한다.

이 빛의 파장이 짧을수록 피부에 손상을 입히는 힘이 더 크다고 생각하면 된다. 그림 4처럼 자외선 C는 세 가지 자외선 중 가장 파장이 짧다. 즉, 가장 높은 에너지를 가지고 있어서 살균 작용이 매우 크다. 다행히도 자외선 C는 대기권의 오존층에 의해 제거되므로 우리와 만날 일이 없다. 그러나 자외선 A, B는 대기권의 오존층을 통과하여 우리와 만나게 된다.

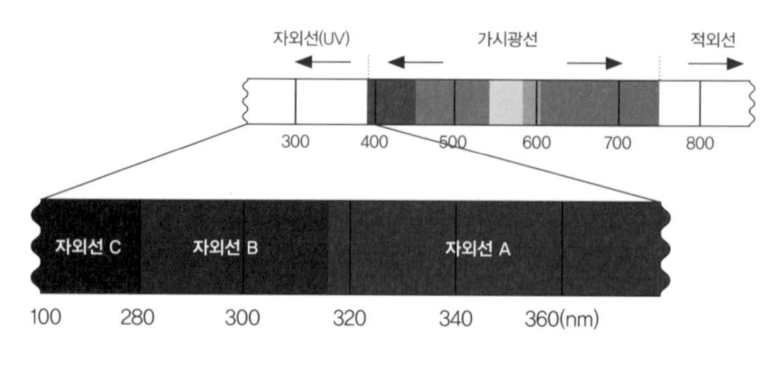

그림 4. 자외선 파장의 길이에 따른 에너지

자외선 A와 B는 각각 다른 영향을 끼친다. 자외선 A는 B보다 파장이 더 긴데, 파장이 길면 침투력이 높으므로, 자외선 B와 달리 진피 아래까지 침투가 가능하다. 이렇게 자외선 A는 동물체나 식물체의 몸을 지탱하며 보호하는 조직에 손상을 입혀 노화를 촉진하고, 흔히 말하는 기미와 주근깨 같은 색소 침착도 일으킨다. 일광 화상은 일으키지 않고 피부를 검게 그을릴 뿐이다. 자외선 A가 꼭 해롭기만 한 것은 아니다. 파장이 긴 자외선 A가 피부 속까지 침투한 덕분에 비타민 D도 몸 속에서 합성될 수 있기 때문이다.

자외선 B는 A에 비하여 파장이 짧다. 덕분에 피부 속까지는 침투가 어렵고, 표피나 진피 상부 정도에서 손상

구분	자외선 A	자외선 B
홍반 발생력	약	강
색소 생성	중	약
피부 투과도	진피 하부	표피 또는 진피 상부
피부 영향	피부 그을림	일광 화상

표 3. 자외선 A와 B가 각각 피부에 미치는 영향

을 일으킨다. 즉, 일광 화상이라는 얼굴이 붉게 달아오르고 따가운 반응은 이 자외선 B로 인한 것이다.

과거 햇빛으로 인한 피부 손상 질환은 특정 지역 혹은 특정 국가에 거주하는 사람 그리고 햇빛에 노출이 많은 직업군에 한해서만 나타났지만 지금은 다르다. 과거에는 오존층의 파괴로, 최근에는 대기 중 입자와 구름의 감소로 과거보다 훨씬 더 많은 자외선이 대지로 들어온다. 따라서 이젠 지구상 어느 나라도 자외선으로부터 안전하지 않다. 과거 오존층이나 구름 등이 자외선 C도 막아주었고, 자외선 B가 지표에 도달하는 양을 조절해주었으나 이제는 과거만큼 자외선 B를 일부 흡수하고 일부 내보내는 것이 어려워졌기에, 자외선 B도 생물체가 알아서 방어해야 하는 시절이 오고 만 것이다.

자외선을 차단하면서 안정적으로 바깥 활동을 영위하기 위해서 다양한 물건들이 발명되었다. 선글라스, 팔토시, UV 차단 소재로 만든 운동복, 모자 등이 이제 여름 필수품으로 자리 잡았다. 그중 자외선을 가장 간단하고 효과적으로 차단해주는 것은 역시 자외선 차단제다.

자외선 차단제를 사용하면 환경호르몬에 노출된다는 사람들도 있고, 자외선 차단제의 성분이 불임을 유발한다거나 자외선 차단제로 인한 환경오염이 우려된다는 기사도 간혹 있다. 자외선 차단제는 정말 유해할까? 자외선 차단제의 유해성과 자외선으로 인한 유해성 중에 어느 것이 더 심각할까? 자외선 차단제에 대해서 한번 알아보도록 하자.

무기자차와 유기자차, 차단 방식이 다르다

자외선 차단제는 자외선으로부터 피부를 보호하기 위해 바르는 제품으로 화장품 중에서도 기능성 화장품으로 분류된다. 자외선 차단제의 역할은 피부에 보호막을 씌우는 것부터 시작한다. 그리고 그 보호막을 활용해 자외선이 피부에 닿기 전에 반사시키거나 혹은 빛을 산란, 즉 퍼트리거나 또는 자외선 차단제 속으로 흡수시킨다. 이

때 보호막 역할을 하는 것이 바로 자외선 차단제의 유효 성분이다. 흥미롭게도 이 유효 성분은 각자의 캐릭터별로 자외선을 처리하는 방식이 모두 다르다.

무기자차, 유기자차라는 말을 들어본 적이 있을 것이다. 한동안 자외선 차단제 광고에 자주 등장했다. 무기자차는 무기 자외선 차단제, 유기자차는 유기 자외선 차단제를 말한다. 자외선 차단제에 들어 있는 유효 성분에 따라 구분한 것인데, 무기자차는 탄소가 포함되지 않은 무기화합물, 유기자차는 탄소가 포함된 유기화합물로 이루어져 있다. 이 둘은 자외선을 차단하는 방식이 다르다.

먼저 무기자차는 징크 옥사이드와 티타늄 옥사이드라는 물질로 이루어져 있는데, 이 물질들은 피부에 닿으면 얇은 거울과 같은 반사판을 형성해 거울에 빛이 반사되듯 자외선을 튕겨버리는 방식으로 피부를 보호한다. 무기자차를 바르면 얼굴에 코팅막이 형성됐다고 생각하면 된다. 흔히 알고 있는 '백탁 현상'과 같이 얼굴이 하얗게 들뜨는 현상은 무기자차를 발랐을 때 나타난다. 백탁 현상이란 피부에 흡수되어야 하는 자외선 차단 성분들이 피부에 흡수되지 않고 겉에 돌아다니게 되면서, 순간적으로 빛이 산란되어 뿌옇게 보이는 현상이다.

유기자차는 빛을 흡수시키는 특별한 물질로 이루어져

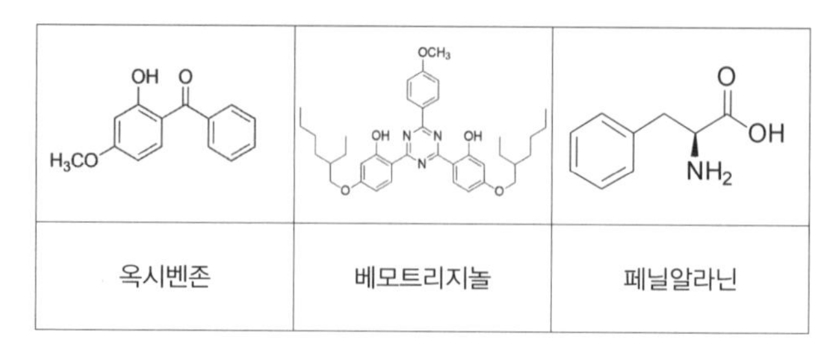

그림 5. 자외선 차단제에 쓰이는 대표적 유기화합물

있다. 대표적으로 벤조페논 계열, 트라이진 계열, 페닐프로파노이드 계열 등이 쓰이는데, 모두 벤젠이라 불리는 화학 구조를 가지고 있다.

육각형에 이중결합 세 개가 같이 그려진 구조를 모두 벤젠 구조라고 부른다. 이중결합은 그림 5에서 두 줄이 그려진 곳을 말하는데, 두 개의 원자 사이에서 총 네 개의 전자가 공유된 상황을 의미한다.

사실 벤젠 자체는 대표적으로 암을 발생시키는 것으로 알려진 유독물질이다. 화학물질을 두려워하는 사람들 중에는 벤젠이 위험한 물질이므로, 벤젠이 포함된 구조들 역시 위험할 것이라고 생각한다. 그러나 벤젠이 들어갔다고 해서 모든 물질이 다 해로운 것은 아니다. 이 벤젠 구조를 가진 유기화합물은 자외선 B의 영역에 해당하는 파장을 가진 빛을 흡수해서 열에너지로 바꾸는 특징이 있다. 이외에도, 특정 빛을 흡수하거나 혹은 내보내는 특징을 가지고 있어서 유기 염료 제작이나 TV 패널 등에 많이 이용된다.

유기 자외선 차단제는 벤젠 구조가 자외선이라고 하는 특정 파장을 흡수할 수 있을 것이라는 아이디어에서 비롯된 것이다. 유기자차는 피부를 필터처럼 감싸고 있다가 외부에서 자외선이 오면 그 자외선을 흡수해서 빛에너지를 열에너지로 전환시킨다. 이 유기화합물 필터를 통해 피부에 위험한 자외선이 적외선으로 변해서 열로 방출되는 셈이다.

무기자차와 유기자차는 자외선을 차단하는 방식이 다르기 때문에 각자 차단이 가능한 자외선 파장의 종류가 다르다. 이러한 이유로 무엇이 더 뛰어나고 무엇이 더 나쁘다고 할 수 없으며, 용도에 따라 무기물과 유기물 중 한 가지 또는 두 가지 모두를 넣은 제품 등 다양하게 만들어진다.

따라서 사용자 스스로 언제 어디서 무엇을 할 때 자외선 차단제가 필요한지를 따져보고 그에 따라 제품을 선택하는 것이 가장 합리적이다. 간혹 피부의 모공이 자주 막힌다면, 모공을 막을 수 있는 무기자차보다는 유기자차가 더 나은 선택일 것이다. 또는 피부에 열감이 생기는 것이 싫은 사람이라면 빛을 흡수하여 열에너지로 전환시키는 유기자차보다는 열감 없이 사용 가능한 무기자차가 좋을 수 있다. 즉, SPF, PA 지수를 중심으로 선택하되, 자신의 피부 상황에 맞춰 주성분을 선택하면 된다.

자외선 차단 지수 꼼꼼하게 살피기

자외선 차단 지수에 대해서도 함께 살펴보자.

자외선 차단제를 고를 때 보는 지표는 SPF 지수와 PA 지수 두 가지다. 먼저 SPF 지수는 자외선 차단 지수Sun Protection Factor의 약자로, 자외선 중에서도 좀 더 유해성이 높은 자외선 B를 차단하는 정도를 말한다. SPF 지수가 높을수록 차단 효과가 높다고 볼 수 있는데, SPF의 숫자는 피부에 선크림을 바르지 않았을 때보다 발랐을 때 자외선을 몇 % 차단하는지를 의미한다. SPF 지수에 따른 자외선 차단 정도는 표 4를 참조하자.

자외선 차단제는 2~3시간마다 덧발라야 자외선 차단 효과가 지속된다. 유기자차의 경우, 흡수 필터로 있던 구조들이 빛을 받아 화학반응을 해서 자기 할 일을 끝내면 다른 물질로 전환되어버리므로, 덧발라서 코팅막을 보수해줘야 다시 일을 할 수 있다. 무기화합물 자외선 필터 역

SPF 지수	자외선 차단율	공식
SPF 2	50%	1/2 X 100
SPF 10	90%	1/10 X 100
SPF 15	93.3%	1/15 X 100
SPF 30	96.7%	1/30 X 100
SPF 50	98%	1/50 X 100

표 4. SPF 지수에 따른 자외선 차단 정도

시 처음 만들어진 거울 코팅막이 땀이나 피지에 의해 벗겨지기 때문에 다시 보수해줘야 한다. 워터프루프 제품 역시 장시간 물놀이를 할 때는 2시간마다 덧발라주어야 한다. 워터프루프 제품은 물이 닿은 후에도 차단제의 효과가 50% 이상만 유지되면 인증받을 수 있기 때문이다. 즉, 100% 효과가 유지되지 않는다.

PAprotection grade of uva는 자외선 A를 차단하는 지수이다. 아시아에서는 '+'로 표시하고, 미국은 '광범위한 용도Broad Spectrum'로 표시하는데, 이런 지수를 잘 확인하면 된다. '+'의 개수가 많을수록 자외선 A를 잘 막아준다는 의미다.

피부가 햇빛에 크게 자극받지 않는다면 SPF 지수도 또

PA 지수도 높을 필요가 없겠으나, 햇빛에 아주 예민해서 일광 화상을 자주 입거나 혹은 기미 주근깨가 잘 생긴다면 반대로 지수가 높은 것을 택하는 것이 좋다.

자외선 차단제가 백화현상의 주범이라는 논란

앞서 말한 것처럼 자외선은 우리 피부 속에 들어와 콜레스테롤을 비타민 D로 바꿔주는 아주 중요한 에너지다. 그러나 강한 자외선은 피부에 분명 해를 입힌다. 자외선에 의한 피부 손상은 크게 급성 또는 만성으로 분류할 수 있다. 급성은 말 그대로 갑자기 나타나는 현상이고 만성은 오랜 시간 노출이 된 경우 나타나는 현상인데, 급성 현상으로는 일광 화상 그리고 만성으로는 광노화 현상과 광발암 현상이 있다. 즉, 강한 자외선은 비타민 D가 아니라, 피부에 화상을 입히고, 그 화상으로 인한 색소침착을 발생시키며, 심지어 피부 노화를 촉진하고 피부암을 유발하기도 한다.

참고로 유기자차 유효 성분인 벤조페논 종류 중 옥시벤존oxybenzone은 최근 산호 백화현상의 주범이라 알려지면서 사용을 자제하고 있다. 하와이에서는 산호 보호를 위해 옥시벤존과 옥티노세이드를 함유한 자외선 차단제 판매 유통을 금지하고 관광객이 소지할 수 없도록 하는 법안이 통과되어 2021년 1월부터 시행 중이다. 2015년, 미국의 한 연구팀이 한 국제 학술지에 해당 성분이 들어간 자외선 차단제가 바닷물에 자꾸 씻겨 나가, 하와이 근해에 서식하는 산호가 백화현상을 보인다는 연구를 발표했기 때문이다.[2]

옥시벤존은 자외선 차단 유효 성분 중 가장 역사가 길다. 1978년 FDA의 승인을 받은 이 성분은 희석해서 사용하는 경우 눈과 피부에 약간의 자극이 있었다고 한다. 그러나 문제를 해결하기 위해 농도를 더 낮추었으며 전 세계적으로 이용되는 최대 농도에서도 독성이 발견되지 않았다. 또한 유럽에서 옥시벤존의 환경호르몬 영향에 대한 조사를 실시한 결과, 인체에 들어와 환경호르몬으로 작용하지 않는다는 것이 밝혀졌다. 옥시벤존이 불임을 유발한다는 문제 제기가 있었지만, 아직 과학적으로 입증된 바는 없다.

특히 하와이법이 논란으로 떠오르던 2021년 당시에는, 산호 백화현상과 옥시벤존 사이의 정확한 인과관계가 규명되지 않았다. 당시 산호 백화현상의 주요인으로 옥시벤존을 지적한 연구는 이 현상을 연구한 수많은 연구 중 단 두 건에 불과했기 때문이다. 논란에 휩싸였던 이 논쟁은 최근 새로운 국면에 들어서게 되었다. 2022년

5월, 스탠퍼드대학교의 한 연구팀이 옥시벤존이 산호초에 미치는 영향을 연구한 결과를 발표했기 때문이다.[2]

연구팀이 산호와 유사한 특성을 가진 말미잘을 대상으로 실험한 결과, 옥시벤존이 말미잘의 대사과정(에너지를 얻는 과정)에 관여해 독성 감광제(빛을 흡수해서 전자를 들뜨게 하는 물질)를 생성한다는 사실을 밝혀냈다. 연구팀에 따르면, 바닷물이 정상 온도일 경우 말미잘에 서식하는 미생물이 이 독성 물질로부터 말미잘을 보호하지만, 바닷물 온도가 올라가면 말미잘이 스트레스를 받아 자신을 지켜주던 미생물을 밖으로 밀어낸다. 이때 약간의 햇빛이 말미잘에 닿으면, 옥시벤존으로 인해 생성된 독성 감광제가 햇빛을 받아 활동하면서 말미잘이 죽게 된다고 한다. 그리고 말미잘이 옥시벤존으로 인한 독성 감광제로 죽는 현상으로 보아, 비슷한 성질을 가진 산호 역시 옥시벤존이 산호의 대사 과정에 관여하며 독성 감광제를 형성하고, 바닷물의 온도상승으로 평소 산호를 보호하던 미생물이 없어지면서, 햇빛에 노출된 뒤 독성 감광제가 활성화되며 백화현상이 나타나는 것으로 추측했다.

즉, 옥시벤존이 생물체 대사 과정에 관여하며 만들어진 독성 물질과 바닷물 온도 상승으로 인해 발생된 산호 그리고 말미잘의 보호막 파괴 현상(미생물 사멸), 여기에 독성 물질을 활성화시킨 햇빛의 연합작전이 불러온 참사가 바로 산호의 백화현상이란 것이다.

이번 연구를 포함해 옥시벤존과 산호의 연관성에 관한 연구는 단 3건에 불과하며, 앞으로 이를 규명하기 위해서는 더 많은 데이터가 필요하다. 실제로 미국 국립해양대기청에서 제공하는 산호초 관측 시스템에서는 기후변화가 산호의 백화현상을 초래하는 과정을 알리고 있고, 그린피스에서는 최근 기후위기로 인한 산호의 백화현상을 감시하기 위해 전 세계 산호초 지도를 만들어 산호 보존 노력을 펼치고 있다.

잘 바르는 만큼 세정도 중요하다

정리해보면, 자외선 차단제는 바르지 않는 것보다 바르는 것이 우리 몸에 더 유익하다. 하지만 자외선 차단제는 매일 바르고, 또 덧바르기도 하기 때문에 피부에 자외선 차단제가 스며들까 걱정하는 사람들도 많다.

자외선 차단제는 피부에 흡수되기 위해 설계된 제품이 아니다. 피부막에 있어야 자외선을 차단할 수 있기 때문이다. 따라서 피부에 자외선 차단제가 스며들까 두려워하지 않아도 된다.

만약 화장품이 바르는 족족 피부 안에 스며든다면, 그

건 피부에 이상이 생겼거나 아니면 화장품이 아니라 피부용 연고제를 발랐거나 둘 중 하나일 것이다. 그리고 모든 화장품의 성분은 식약처의 기준에 따라 제조되므로, 절대로 회사 마음대로 유효 성분의 농도를 높일 수 없다. 그러니 마음 놓고 화장품을 사용하자. 아! 그렇지만 자외선 차단제는 반드시 세정제로 꼼꼼하게 세안해서 모두 제거해야 한다. 그렇지 않으면 피부 모공을 막거나 장시간 피부에 머물러 손상을 입힐 수 있기 때문이다.

아이들에게 자외선 차단제를 발라주는 것이 좋은지 물어보는 사람들이 종종 있다. 나는 아이가 일광 화상을 잘 입어서 항상 선크림을 발라준다. 물론 자외선 지수가 높은 여름 동안 말이다. 아이도 어른과 마찬가지로 세정을 잘해주어야 한다. 그러나 대부분 아이들은 세정제를 무지 싫어하므로 클렌징 워터를 화장솜에 묻혀 닦아주거나, 어린이용 거품 비누로 꼼꼼하게 씻기기를 권한다. 무엇보다도 자외선 지수가 점점 높아지는 세상을 살아가는 아이가 자외선으로 인한 피부질환에 걸리지 않고 건강하게 지낼 수 있도록 하는 것이 중요하다.

면역:
아군과 적군을 구별하는 경보 시스템

나는 대학원생일 때 엄마가 되었다. 육아휴직이 없고 출산휴가만 가능했던 터라 100일 된 아이를 어린이집에 보내야 했다. 그 덕에 우리 아이는 단체 생활을 좀 빨리 시작했다. 단체 생활을 한다는 것은 아이의 환경에 많은 영향을 미친다. 여러 가지가 있겠지만, 아이 주변의 바이러스와 세균의 변화가 가장 클 것이다. 출생 후 아이는 부모 혹은 양육자의 보살핌 속에서 세균 혹은 바이러스와 거의 접촉 없이 살아간다. 아이가 접촉하게 되는 바이러스 혹은 세균이라 해봤자 양육자에게서 옮겨오는 것 정도가 전부다. 그러나 단체 생활은 이야기가 달라진다. 기존 양육자에 의해 통제되던 환경이 아닌, 다양한 친구들과의 생활이 이어지면서, 다양한 세균과 바이러스에 노출이 불가피하다.

기관에 다니는 아이에게 자주 노출이 되고, 부모를 강제로 재택근무 시키는 질병이 몇 가지 있다. 법정 감염병인 수족구(손, 발의 발진과 입 안의 궤양성 병변을 특징으로 하는 질환), 헤르판지나, 장염, 눈병(아폴로) 등등이다. 이런 병들은 전염성 질병인 데다가 아이들 사이에서 급속히 퍼지기 때문에, 아이가 이런 전염병에 걸리면 기관에 가지 못하고 집에서 격리해야 한다.

아이들을 격리에 이르게 하는 질병의 정체는 바이러스성 질병이다. 바이러스라는 매개체가 사람과 사람 사이에서 전파되면서 체내에 들어와 질병을 일으키는 것이다. 간단하게 손만 씻으면 어른들은 걸리지 않는 병이겠으나 스스로 손을 씻을 수 없고, 한창 침이 잔뜩 묻은 손으로 맛있는 간식을 친구와 나눠 먹기도 하고, 온갖 장난감을 가지고 놀다가 입에 넣기도 하고, 친구 입에 넣어주기도 하며 노는 어린 아이들의 특성을 고려하면, 바이러스성 질병이 순식간에 퍼지는 것을 통제하기 어렵다. 그렇기 때문에 다른 아이들을 지키기 위해서라도 격리가 필수다.

바이러스성 질병은 왜 걸릴까

아이들이 걸리는 이런 바이러스성 질병은 사실 답이 없다. 왜 걸렸는지 접촉 관계를 명확히 가려낼 수 없고, 딱히 치료제가 없기 때문에 바이러스가 생체 내 면역 반응에 의해 없어질 때까지 하염없이 기다려야 한다. 기다리는 동안 아이의 몸에서는 급격한 면역반응이 일어나고 그 때문에 아이는 열, 설사, 가려움, 수포 등의 증상을 겪게 되는데, 그로 인해 말 못하는 아이는 짜증이 늘고 그걸 같이 격리된 채 받아줘야 하는 양육자는 지치게 되는, 그런 폭풍 같은 시간을 보내게 된다.

바이러스성 질병의 원인은 대체 무엇일까? 전염력이 높고 특히 아이가 걸렸을 때 증세가 심해 부모가 아이를 돌보다 기절할 정도로 힘든 병 중 하나인 수족구는 엔테로 바이러스 또는 콕사키 바이러스에 의해 발생한다. 사람 혹은 포유류의 입을 통해 전파가 되는데, 대표적으로 장염을 일으키므로 '장 바이러스'라고 불린다. 이 장 바이러스는 위생 상태가 나쁜 환경에서 잘 전파되는데, 전 세계적으로 널리 분포된 바이러스기 때문에 위생 상태가 좋은 곳에서도 발견된다.

'장 바이러스'라는 이름 때문에 꼭 장에만 작용할 것 같지만, 사실 이런 장 바이러스류는 무증상 감염부터 시작해서 설사, 감기, 수족구, 헤르판지나, 출혈성 결막염, 심각한 경우엔 뇌수막염, 뇌염, 급성 마비까지도 일으킬 수 있다. 꼭 병균 하나 혹은 바이러스 하나가 질병 한 가지를 일으킬 것 같지만, 사실은 그렇지 않다. 특정 균이나 바이러스는 우리 몸에 들어와 다양한 장기를 돌아다니며 병을 일으키기 때문에, 실제로는 바이러스 하나가 사람마다 각자 다른 병을 일으킨다.

나는 석사 과정 중에 결핵을 앓았다. 내 경우엔 폐결핵이었는데, 약학을 공부하는 대학원생이라는 내 소개에 담당 의사 선생님이 병에 대해 여러 가지 말씀을 해주었다. 그때 배운 것이 결핵은 폐결핵만 있을 것 같지만, 결핵균이 사람 몸속에서 돌아다니다 신장에서 병을 일으키면 신장결핵이고, 심장에서 결핵을 일으키면 심장결핵이라는 것이다. 즉, 결핵균은 장기 어디서나 활동을 할 수 있다.

여튼, 결핵처럼 엔테로 바이러스 역시 아이들에게 다양한 질환을 일으킬 수 있다. 동일 계열의 바이러스지만 아이의 몸에 들어가 증상이 발현된 위치에 따라, 어느 날은 장염 증상이 헤르판지나, 수족구처럼 다양하게 올라오기도 하고 혹은 눈병이 올 수도 있다. 우리 아이의 경우 헤르판지나에 걸리면 장염 증상이 동반되는 경우가 종종 있었다. 그 이유가 궁금해서 소아과 선생님께 질문을 했는데, 동일 바이러스라 그럴 수 있다는 이야기를 듣게 되어 그 이후론 특별히 걱정하지 않았고, 대신 바이러스성으로 옮는 것은 부모인 나나 남편이 옮을 수도 있어서 그 기간에 특히 손을 열심히 씻었던 기억이 난다.

면역력이 아닌 면역 시스템이 중요하다

코로나19 유행 초기, 바이러스를 이기기 위해 마늘을 먹어야 한다는 둥, 뜨거운 물을 마시면 바이러스가 죽는다는 둥 온갖 뜬소문이 난무했다. 다양한 뜬소문 속에서 나름 변하지 않는 맥락 하나는 면역력을 강화시키면 바이러스를 이길 수 있고, 암도 이길 수 있고 아무튼 건강해진다는 것이다.

'면역력'은 무엇일까? 사실 '면역력'이란 단어는 국어사전에는 있지만, 전문가의 영역에서는 존재하지 않는다. 영어의 'immunity'를 우리말로 옮기면 그냥 '면역'이다. 그렇다면 이 면역력이라는 것은 무엇을 의미할까? 국어사전은 면역력을 '외부에서 들어온 병원체에 저항하는 힘'이라고 정의하고 있다. 이 면역력은 정말로 실체가 있는 걸까? 광고에서 말하는 대로 면역력이란 후천적으로 좋아질 수 있을까?

우선 면역력이란 단어는 제쳐두고 '면역'이 진짜 무엇인지를 확인할 필요가 있다. 면역이란 몸 안에 들어온 세균이나 바이러스, 미생물 같은 병원체에 대한 우리 몸의 방어기제를 말한다. 내가 좋아하는 영화 〈안시성〉에 빗대보자면, 영화에서 안시성을 침공하는 수만 명의 수나라 군사가 바로 병원균이 될 것이고, 수나라 군사들과 싸우고 있는 안시성과 안시성 군사들이 바로 우리 몸의 방어기제에 해당할 것이다. 비슷한 표현으로 면역 시스템이란 표현도 쓰는데, 전쟁이 났을 때 군사들이 훈련받은 대로 일사분란하게 움직이며, 화살을 쏘고 방패 뒤에 숨는 등의 다양한 전략을 구사하는 이 모습 전체가 면역 시스템이다.

이러한 면역 시스템은 우리 몸 안에 침투한 병원균을 직접 죽이거나 혹은 감염된 좀비 세포들을 없애게 된다. 바이러스는 생체 내에 침투하여 자체적으로 증식(세포의 개수가 늘어나는 것)이 불가능하다. 누군가에게 기생해야지만 증식이 가능한데, 이를 위해 세포를 감염시켜 좀비로 만들고, 이 감염 세포가 죽으면서 안에 있던 바이러스가 밖으로 방출된다. 마치 좀비영화에서 나오는 것처럼 말이다. 일종의 전쟁으로 우리가 면역 반응을 설명하기 때문인지 아닌지 사실 알 수 없지만, 왜인지 면역 시스템은 병원균과 싸우는 일종의 능력으로 취급받는다. 그래서 자꾸 면역력이란 표현을 사용하게 되고, 건강에 좋은 모든 것을 섭취하면 이 능력이 일취월장할 것처럼 느껴지기도 한다.

실제 면역은 특별하고 아주 중요한 능력을 가지고 있다. 바로 본래 본인이 지켜야 하는 아군과 공격해야 하는 적군을 정확하게 구별하는 능력이다. 아군과 적군을 정확하게 구별할 수 있기 때문에 세균이나 바이러스 등의 병원균이 우리 몸 안에 침투했을 때, 적군을 인지하고 바로 공격해서 죽일 수 있다. 이때 가동되는 경보 시스템이 바로 면역 시스템에 해당된다. 간혹 면역 시스템이 잘못 가동되어, 아군과 적군을 구별하지 못할 때가 있다. 그리고 이때 생기는 병을 자가면역질환이라고 부른다. 자가면역질환은 면역력이 떨어져서가 아니라, 면역 시스템의 오작동으로 발생한다.

면역 시스템은 24시간 쉬지 않고 가동된다. 우리 몸에 감기 바이러스가 침투하거나, 혹은 세균 등에 감염되어 장염에 걸리거나 하면 열이 나는 것이 바로 면역 시스템이 가동하는 증거다. 말 그대로 단순한 경비 시스템이다. 어떤 특별한 힘이 작용하는 것이 아니라 태어날 때부터 사람마다 각기 가지고 있는 자체 방어 시스템과 유사하다고 보는 것이 적절하다.

자연면역과 후천면역

우리 몸의 면역은 크게 두 종류로, 태어날 때부터 가지고 있는 자연면역과 후천적으로 질병에 노출되며 그에 해당하는 항체를 갖게 되는 후천면역으로 구분되는데, 안타깝게도 음식이나 약을 통한 개선을 기대하기는 조금 어렵다. 다만, 평소 건강관리를 잘해서 체력을 확보해둔다면, 우리 몸의 면역 기능이 활발하게 제 기능을 할 수 있을 것이다.

우리는 SNS, 광고, 그리고 미디어에서 '자연면역을 키우기 위해 무엇을 먹어야 한다'와 같은 내용을 자주 접한다. 특히 방송에서 전문가가 나와서 면역력을 키우기 위해 무엇을 해야 한다고 하면, 자신도 모르게 조용히 핸드폰으로 방송에 나온 음식 또는 영양성분을 검색하게 될 것이다. 사실 자연면역은 선천적으로 타고 난 면역이다. 따라서 자연면역이 결핍되었다면, 그 사람은 유전적으로 면역체계에 문제가 생긴 채 태어난 사람이라고 봐야 하고, 이런 경우 백혈구가 제대로 세균을 잡아주지 못해 감기만 걸려도 생명이 위험할 수 있다. 안타깝지만 유전적 문제이기 때문에, 별도의 치료가 필요한 것이지 뭔가를 먹어서 해결될 문제가 아니다. 그렇다면 우리는 면역에 대해 무엇이 진실이고 무엇이 광고인지 구별할 수 있을까? 가장 간단한 방법은 가짜뉴스나 마케팅에서 말한 '면역력이 높아진다'는 그 제품을 누가 판매하고 있는지 검색해보는 것이다. 이해관계자인지 아닌지 파악해보자.

건강한 사람은 체력이 약간 떨어졌을 때 영양 섭취를 잘해주기만 해도 건강을 회복할 수 있다. 그리고 건강해지면 면역체계도 활발하게 활동하고, 질병에 대한 저항도 높아진다. 그러니 건강한 사람들이 '영양제가 효과 있다'고 하는 말은 거짓말이 아닐 것이다. 그러나 광고나 방송에서 특정 음식을 많이 섭취하면 병을 이긴다든지 특정 건강기능식품을 먹어서 질병이 나았다든지 하는 이야기는 웬만하면 거르는 것이 좋다. 건강기능식품은 식품이지 절대 치료제가 아니기 때문이다. 그 정도로 좋은 물질이고 병이 나았다면 왜 건강기능식품으로 판매하겠는가? 그런 임상결과가 있다면 상식적으로 치료제 개발을 먼저 고려해야 하지 않았을까?

불안한 생각을 버리고, 검색부터 해보자. 그리고 상식적으로 생각하면 된다. 치료의 효과가 있었다면 그것이 이게 의약품이 아닌 건강기능식품으로 허가 났을 리가 없다고 말이다.

2부

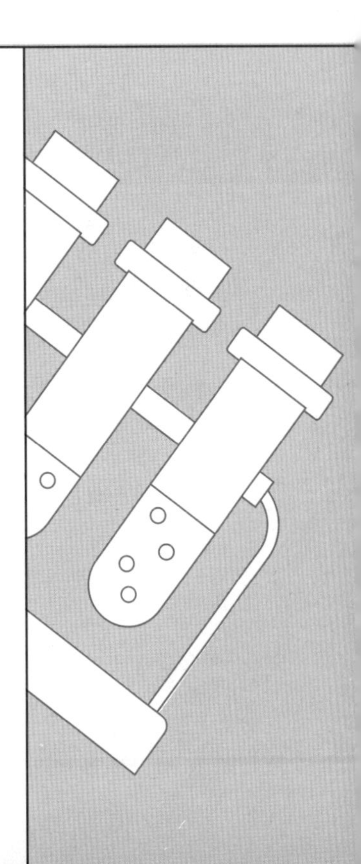

안전한 화학

독성:
두려울수록
알아야 하는 이유

자연주의와 친환경에 대한 관심이 높다. 자연주의 인테리어가 유행하고, 친환경 마크가 있는 벽지와 페인트를 사용하고, 화학물질을 피하기 위해 직접 화장품을 만드는 시대가 왔다. 많은 사람들은 화학을 피해 자연과 친환경 뒤에 숨으려 하지만, 안타깝게도 화학을 피해서 살아갈 수 없다. 우리는 화학물질인 고분자물질로 외관을 만든 전자제품을 사용하고, 전자 재료인 반도체가 들어 있는 컴퓨터로 업무를 보고, 유기화학 연구의 끝판왕이자 시력을 보호해준다는 OLED 액정으로 만들어진 TV나 휴대폰을 사용한다.

우리가 마시는 커피, 녹차, 홍차에는 화학물질인 카페

인이 들어 있다. 아무리 유기농을 고집하는 농장에서 채취한 커피콩이건 찻잎이건 우리가 물로 우려내서 먹는 것은 커피콩과 녹차 잎에 들어 있는 다양한 천연 화학물질, 즉 카페인이다. 화학을 피할 곳은 없는데, 사람들은 화학이 위험하다고만 이야기한다. 언론 매체에서는 매일같이 유해 화학물질에 대해 이야기하고, 어디에선가 독성이 발생했다는 소식을 전한다. 국정감사 시즌이 되면 어찌나 많은 국회의원이 다양한 독성 물질 보고서를 들고 나오는지 새삼 놀랍다. 이 보고서들은 실제 의도와는 관계없이 다양한 목적으로 해석된다. 이 자료들만 보면 세상에 안전하다고 믿을 만한 물질은 없는 것처럼 느껴지고, 우리는 재생산된 정보를 보고 기겁하거나 불매하는 등 선택을 해야 하는 처지에 몰린다.

화학제품은 독성과 유효성이라는 특징이 모두 있다. 천연 물질이건 합성 물질이건 지구에 존재하는 모든 물질에는 이 두 가지 특징이 있다. 물질이 처음 만들어질 때는 장점인 유효성이 두드러지지만, 뛰어난 유효성 뒤에는 반드시 부작용 혹은 독성이 따라온다. 화학자들은 모든 물질에 따르는 유효성과 독성을 모두 밝혀낸 뒤, 이 물질을 화학물질관리법에 따라 보고해야 한다. 그러한 이유로 지금까지 발견된 모든 물질엔 독성 정보가 존재한다.

이러한 독성 정보가 공포스럽기도 한 반면, 몇몇 제품 제조사는 과도하게 유효성만 부각시켜 모든 것을 해결할 수 있는 것처럼 이야기하기도 한다. 그러나 단순히 독성이 있다 없다만을 가지고 이야기한다면, 이 세상에는 먹을 것도 또 사용할 수 있는 물건도 없다고 봐야 한다. 소량이어도 모든 물질에는 독성이 있을 수 있기 때문이다. 그렇다면 이 정보를 어떻게 사용해야 할까? 그리고 어떻게 하면 우리 아이들에게 좀 더 안전한 환경을 만들 수 있을까?

얼마나 독성이 있는지 어떻게 알 수 있을까?

새로운 약을 개발하기 위해 연구를 하다 보면 필연적으로 만나는 학문이 있다. 독성학이다. 독성학이란 생물에 부정적인 영향을 미치는 화학물질을 연구하는 학문으로, 사람에게서 나타나는 독의 증상, 독이 되는 농도나 시점 그리고 치료, 독성 물질의 구조를 규명하거나 혹은 밝혀내는 것 등을 다양하게 포괄한다. 다양한 실험 방법을 사용하여 물질의 위험도를 파악하는데, 그렇게 파악한 독성 정도를 표현하기 위해 반수 치사량LD50, 반수 중독량TD50 등의 단위를 사용한다.

LD50은 실험동물 100마리에게 과량의 독극물을 투여했을 때, 그중 절반이 사망에 이르게 되는 양을 말한다. 쉽게 말해서 한 번에 얼마나 먹어야 사망에 이르는지를 측정하는 기준으로, 수치가 높을수록 치사량이 낮다.

TD50은 실험동물의 절반이 아프게 될 수 있는 양으로, 한 번에 탁 털어 넣었을 때 구토 혹은 기절할 만큼 위험한 양을 말한다. 즉 저승사자님을 잠시 알현하고 오는 정도의 양인 셈이다. TD50은 LD50과 달리, 사망 여부를 확인하는 것보다 아프기 시작하는 시점을 파악하는 데 이용되는 양이라 보면 이해가 쉬울 듯하다. 멀쩡하던 실험동물들이 특정 양을 먹은 뒤 거품을 물고 쓰러진다든지, 몸살 걸린 것처럼 떤다든지, 이런 특정 부정적인 현상을 보이는 지점을 파악하는 것이다. 약을 먹고 건강이 회복되어야 하는데, 잘못해서 부정적인 영향을 보이는 시점에 도달하면 안 되기 때문에 따로 실험을 통해 약을 실제 사용할 때 독성이 나타날 수 있는 지점을 확인하는 것이다. 이렇게 얻어진 TD50의 값은, '하루에 몇 알 이상 먹지 마세요'라는 주의 문구로 소비자에게 전달된다. 하루에 몇 개 이상 먹지 말라는 주의 사항은 '하루 먹어야 하는 양보다 많이 먹으면 응급실 갑니다'라는 뜻이다. 이러한 이유로 세상 모든 물질은 LD50과 TD50 수치를

화합물	동물, 경로	LD50{LC50}
물	쥐, 경구	90,000mg/kg
자당	쥐, 경구	29,700mg/kg
비타민 C	쥐, 경구	11,900mg/kg
에탄올	쥐, 경구	7,060mg/kg
염화나트륨	쥐, 경구	3,000mg/kg
이부프로펜	쥐, 경구	636mg/kg
카페인	쥐, 경구	192mg/kg
니코틴	쥐, 경구	50mg/kg
삼산화비소	쥐, 경구	14mg/kg
시안화나트륨	쥐, 경구	6.4mg/kg
백린	쥐, 경구	3.03mg/kg
염화수은 (II)	쥐, 경구	1mg/kg
테트로도톡신	쥐, 경구	334μg/kg
TCDD	쥐, 경구	20μg/kg
디프테리아 독소	쥐, 경구	10ng/kg
보툴리눔 독소	인간, 경구	1ng/kg

표 5. 물질별 치사량(1kg당 수치가 클수록 더 안전한 화합물이다.)

가지고 있다.

인터넷에 LD50표를 검색하면 쉽게 접할 수 있다. 이 도표를 볼 때 우리가 주목해야 하는 것은 바로 독성을 확인한 동물과 경로가 무엇인지와 1kg당 섭취량이다. LD50이 한 번에 섭취해서 죽는 양을 말하기 때문에, 1kg당 섭취량이 많을수록 같은 양을 섭취할 때 더 안전하다는 뜻이 된다. 이 표에 따르면 물은 가장 안전한 물질이고, 인간에게 있어 가장 위협적인 물질은 실제 1ng(나노그램)이라고 하는 아주 미세한 단위로도 사망이 일어난 보툴리눔 독소다. 그 외에도 흔히 고전적 독극물로 알려져 있는 비소 역시 아주 소량을 사용해도 사망에 이를 수 있다. 테트로도톡신은 우리가 복어 독으로 알고 있는 물질이다. 복어 내장 손질만 잘못해도 죽는다는 바로 그 독이다. 독극물이라는 개념에는 크게 기준 수치라는 것이 없다. 모든 물질마다 생체 내에서 독으로 작용할 수 있는 양이 다르기 때문이다. 그래서 LD50은 상대적인 결과를 확인하는 지표로 쓰인다.

LD50의 숫자가 크면 클수록 독성이 약하고, LD50이 작으면 작을수록 위험한 물질이다. 소량만 먹어도 위험하다는 뜻이기 때문이다. 그런데 LD50은 독극물 리스트가 아니라고 했다. 그렇다면 무엇을 보고 특정 제품의 위험성을 파악할 수 있을까? 사실 확인하는 방법은 어렵지 않다. MSDSMaterial Safety Data Sheet, 물질안전보건자료라는 것을 확인해야 한다. MSDS는 말 그대로 물질에 대한 안전 정보가 들어 있는, 물질계의 주민등록등본이라고 할 수 있다. 보통 과학자들이 실험실에서 사용할 시약(화학물질)을 구매할 때 COACertificate of Analysis, 시험성적서와 MSDS라는 것을 받는다. COA는 일종의 품질보증서로, 이 물질이 순도가 얼마인지를 알려준다. 그러나 실제 실험자나 혹은 사람들에게 더 많은 정보를 제공하는 것은 COA가 아니라 MSDS이다.

MSDS는 검색만으로도 쉽게 찾아볼 수 있다. 궁금한 물질이 있으면 그 물질의 이름과 MSDS를 넣어 검색해 보면 된다. 또는 한국산업안전보건공단에서 제공하는 산업재해예방안전보건공단 화학물질정보 홈페이지에 들어가 MSDS를 직접 찾아볼 수도 있다. 때에 따라 시약 제조사가 제공하는 MSDS가 정부 제공 MSDS보다 더 많은 정보를 포함하고 있는 경우도 있으므로 상황에 따라 필요한 정보를 확인하는 것을 추천한다. 가령 실험을 하다 보면, 국내에서 판매되지 않아 외국에서 수입을 해야 하는 시약들이 있다. 이런 경우에는 국내에 MSDS가 없거나 정부 제공 사이트에 기재된 내용이 부족할 수 있으므로 시약 제조사에서 제공하는 MSDS를 참고하곤 한다. 만약 화학물질이 들어가 있는 해외 제품을 구매했다면, 정부에서 제공하는 MSDS와 해외 사이트를 통해 물질 정보를 검색해 크로스 체크를 해보는 것이 좋다.

예를 들어 술의 주성분인 에탄올의 MSDS를 검색해 보면, 권고 용도, 상세한 독성 정보, 발생할 수 있는 다양한 사고의 예시 등 많은 정보가 있다. 약간의 에탄올 섭취는 기분을 좋게 만들지 모르지만, 과량 섭취한다면 에탄올은 독극물이 되며 알코올의 습관적인 과량 섭취에 의한 태아 기형 유발 및 그 외의 악영향이 다수 보고되었다는, 생식 독성에 대한 내용들도 확인해볼 수 있다. 마우스(실험에 이용되는 작은 쥐) 생식세포 실험, 즉 독성이 발현되는 농도에서 진행한 실험에서는 암컷과 수컷 생식세포에서 모두 염색체 이상이 보고되었다는 내용도 확인할 수 있다.

뿐만 아니라 MSDS에는 물질이 어떻게 위험할 수 있는지, 위험한 상황을 어떻게 예방할 수 있는지, 만약 위험한 상황이 발생했을 때 응급 대처를 어떻게 하는지와 물질의 보관 및 폐기 방법이 모두 나와 있다. 실험실에서 사고가 나면 다친 사람과 동행하는 사람이 사고 시 노출된 물질에 대한 MSDS를 출력해서 응급실로 간다. 그래야 응급실 의사들이 처치를 할 수 있기 때문이다.

화학물질의 위험에서 약간이라도 벗어나려면

화학은 눈부시게 발전했고, 우리는 일상생활 속에서 화학물질을 제외하고는 이제 살아가기 어렵다. 어차피 피할 수 없는 물질이라면, 그 물질의 특징을 MSDS를 통해 확인해보자. 그리고 그 데이터를 기준으로 어디에 보관할지, 사용 후 환기를 해야 할지, 만약 노출이 되었을 때 어떻게 응급처치를 하는지 습득하고, 권고 용도와 다르면 사용하지 않는 것, 독성에 관련된 내용이 미비하다면 되도록 사용하지 않는 것 정도가 지금 과학의 발전 속에서 살아가는 우리가 그나마 화학제품을 두려워하지 않고 지낼 수 있는 방식이 아닐까 한다.

그 밖에 일상에서 쉽게 실천할 수 있는 방법 몇 가지를 소개하면 다음과 같다. 나는 가루 세제를 되도록 쓰지 않는데, 가루가 날릴 때 호흡기에 들어갈 가능성이 있기 때문이다. 부득이하게 가루 세제를 사용할 때는 마스크를 쓴다. 모든 세제는 되도록 권장량을 지켜서 사용한다. 표기된 권장량은 실제 실험을 통해 잔류량을 확인한, 최적화된 결과일 것이기 때문이다. 또한 환기를 자주하는 것을 권한다.

집 안의 산소 농도가 신경 쓰인다면 가스레인지를 켤 때 불꽃색을 확인하는 방법도 있다. 가스레인지의 불꽃이 파란색이라면 산소가 충분하여 완전연소 중인 상황이고, 붉은색이 보인다면 산소가 부족해서 불완전 연소를 한다는 의미다. 따라서 나는 가스레인지 사용 후 반드시 환기를 한다. 새 옷은 원단 처리 공정이 있을 수 있으므로 사이즈만 확인하고 바로 빨아버린다. 원단 처리 공정에 사용된 물질은 대부분 석유계일 가능성이 있고, 이렇게 빨아버리면, 원단에 붙어 있던 석유계 유기화합물들이 세제에 녹아 없어진다. 방향제나 혹은 섬유 탈취제, 편백수 등을 사용할 때도 창문을 열어둔다. 그러지 않으면 실내에 있는 사람이 흡입할 가능성이 있기 때문이다. 모기퇴치제나 에프킬라 등을 사용할 때도 마찬가지다. 이런 것들만 주의해도 우리는 화학물질의 위험도에서 약간은 벗어날 수 있다.

중금속:
아름답고도 치명적인
지구의 선물

아이들 가구나 목재 교구, 플라스틱 장난감에서도 중금속이 검출되었다는 이야기를 종종 접하곤 한다. 대부분 나무로 또 일부 장난감은 플라스틱으로 제조되었을 뿐인데, 왜 뜬금없이 중금속이 등장하는 걸까? 의외로 중금속은 색상이 있는 제품에서 검출될 확률이 있다. 알록달록 색깔이 있는 장난감, 페인트, 물감, 크레파스, 파스텔 등에서 말이다.

먼저 중금속이란 무엇인지 알아보자. 중금속은 무거운 금속이란 뜻이다. 이 중금속 중에서는 인체 내에서 다양한 역할을 하는 아연, 망간, 철과 같은 것들이 있지만, 반대로 미량만 들어와도 인체에 해를 입힐 수 있는 납, 카드뮴, 수은, 크롬, 비소 등과 같은 유해 중금속도 있다. 현재 모든 나라에서 유해 중금속이 식품이나 생활용품에서 검출되는지 검사를 통해 관리하고 있다. 일반적으로 주기율표의 원소는 실험실에서 인공적으로 만든 물질도 일부 있지만 대부분 자연계에 존재하는 물질이다. 유해 중금속도 마찬가지다.

색에 매료되고 중금속에 중독된 화가들

중금속은 미술 재료 중 색을 나타내는 안료에서 쉽게 찾아볼 수 있다. 초기 안료는 여러 색을 지닌 암석을 갈아서 가루로 만든 것이었다. 한마디로 돌가루인 셈이다. 대표적인 색을 나타내는 돌가루엔 울트라마린이 있다. 일명 청금석이라는 광물로 파란색을 띤다. 초기 물감은 이러한 광물들을 빻은 것이었고, 이후에 기름을 사용하게 되면서 현대의 유화물감으로 발전했다. 가루를 내어 물에 개면 수채 물감이고 기름에 개면 유화물감이다.

이 물감들이 바로 중금속이 포함된 다양한 안료였던 것이다. 가령 납 성분이 포함된 실버화이트, 말 그대로 코발트가 들어 있는 코발트블루, 코발트옐로우, 코발트바이올렛, 코발트블랙, 마지막으로 코발트와 아연이 혼합되어 나타나는 색상인 코발트그린, 비소를 함유하고 있는

표 준 주 기 율 표

Periodic Table of the Elements

표기법: 원자 번호 / **기호** / 원소명(국문) / 원소명(영문) / 일반 원자량 / 표준 원자량

1	2	3	4	5	6	7	8	9	10	11	12	13	14	15	16	17	18
1 **H** 수소 hydrogen 1.008 [1.0078, 1.0082]																	2 **He** 헬륨 helium 4.0026
3 **Li** 리튬 lithium 6.94 [6.938, 6.997]	4 **Be** 베릴륨 beryllium 9.0122											5 **B** 붕소 boron 10.81 [10.806, 10.821]	6 **C** 탄소 carbon 12.011 [12.009, 12.012]	7 **N** 질소 nitrogen 14.007 [14.006, 14.008]	8 **O** 산소 oxygen 15.999 [15.999, 16.000]	9 **F** 플루오린 fluorine 18.998	10 **Ne** 네온 neon 20.180
11 **Na** 소듐 sodium 22.990	12 **Mg** 마그네슘 magnesium 24.305 [24.304, 24.307]											13 **Al** 알루미늄 aluminium 26.982	14 **Si** 규소 silicon 28.085 [28.084, 28.086]	15 **P** 인 phosphorus 30.974	16 **S** 황 sulfur 32.06 [32.059, 32.076]	17 **Cl** 염소 chlorine 35.45 [35.446, 35.457]	18 **Ar** 아르곤 argon 39.95 [39.792, 39.963]
19 **K** 포타슘 potassium 39.098	20 **Ca** 칼슘 calcium 40.078(4)	21 **Sc** 스칸듐 scandium 44.956	22 **Ti** 타이타늄 titanium 47.867	23 **V** 바나듐 vanadium 50.942	24 **Cr** 크로뮴 chromium 51.996	25 **Mn** 망가니즈 manganese 54.938	26 **Fe** 철 iron 55.845(2)	27 **Co** 코발트 cobalt 58.933	28 **Ni** 니켈 nickel 58.693	29 **Cu** 구리 copper 63.546(3)	30 **Zn** 아연 zinc 65.38(2)	31 **Ga** 갈륨 gallium 69.723	32 **Ge** 저마늄 germanium 72.630(8)	33 **As** 비소 arsenic 74.922	34 **Se** 셀레늄 selenium 78.971(8)	35 **Br** 브로민 bromine 79.904 [79.901, 79.907]	36 **Kr** 크립톤 krypton 83.798(2)
37 **Rb** 루비듐 rubidium 85.468	38 **Sr** 스트론튬 strontium 87.62	39 **Y** 이트륨 yttrium 88.906	40 **Zr** 지르코늄 zirconium 91.224(2)	41 **Nb** 나이오븀 niobium 92.906	42 **Mo** 몰리브데넘 molybdenum 95.95	43 **Tc** 테크네튬 technetium	44 **Ru** 루테늄 ruthenium 101.07(2)	45 **Rh** 로듐 rhodium 102.91	46 **Pd** 팔라듐 palladium 106.42	47 **Ag** 은 silver 107.87	48 **Cd** 카드뮴 cadmium 112.41	49 **In** 인듐 indium 114.82	50 **Sn** 주석 tin 118.71	51 **Sb** 안티모니 antimony 121.76	52 **Te** 텔루륨 tellurium 127.60(3)	53 **I** 아이오딘 iodine 126.90	54 **Xe** 제논 xenon 131.29
55 **Cs** 세슘 caesium 132.91	56 **Ba** 바륨 barium 137.33	57-71 란타넘족 lanthanoids	72 **Hf** 하프늄 hafnium 178.49(2)	73 **Ta** 탄탈럼 tantalum 180.95	74 **W** 텅스텐 tungsten 183.84	75 **Re** 레늄 rhenium 186.21	76 **Os** 오스뮴 osmium 190.23(3)	77 **Ir** 이리듐 iridium 192.22	78 **Pt** 백금 platinum 195.08	79 **Au** 금 gold 196.97	80 **Hg** 수은 mercury 200.59	81 **Tl** 탈륨 thallium 204.38 [204.38, 204.39]	82 **Pb** 납 lead 207.2	83 **Bi** 비스무트 bismuth 208.98	84 **Po** 폴로늄 polonium	85 **At** 아스타틴 astatine	86 **Rn** 라돈 radon
87 **Fr** 프랑슘 francium	88 **Ra** 라듐 radium	89-103 악티늄족 actinoids	104 **Rf** 러더포듐 rutherfordium	105 **Db** 두브늄 dubnium	106 **Sg** 시보귬 seaborgium	107 **Bh** 보륨 bohrium	108 **Hs** 하슘 hassium	109 **Mt** 마이트너륨 meitnerium	110 **Ds** 다름슈타튬 darmstadtium	111 **Rg** 뢴트게늄 roentgenium	112 **Cn** 코페르니슘 copernicium	113 **Nh** 니호늄 nihonium	114 **Fl** 플레로븀 flerovium	115 **Mc** 모스코븀 moscovium	116 **Lv** 리버모륨 livermorium	117 **Ts** 테네신 tennessine	118 **Og** 오가네손 oganesson

57 **La** 란타넘 lanthanum 138.91	58 **Ce** 세륨 cerium 140.12	59 **Pr** 프라세오디뮴 praseodymium 140.91	60 **Nd** 네오디뮴 neodymium 144.24	61 **Pm** 프로메튬 promethium	62 **Sm** 사마륨 samarium 150.36(2)	63 **Eu** 유로퓸 europium 151.96	64 **Gd** 가돌리늄 gadolinium 157.25(3)	65 **Tb** 터븀 terbium 158.93	66 **Dy** 디스프로슘 dysprosium 162.50	67 **Ho** 홀뮴 holmium 164.93	68 **Er** 어븀 erbium 167.26	69 **Tm** 툴륨 thulium 168.93	70 **Yb** 이터븀 ytterbium 173.05	71 **Lu** 루테튬 lutetium 174.97
89 **Ac** 악티늄 actinium	90 **Th** 토륨 thorium 232.04	91 **Pa** 프로트악티늄 protactinium 231.04	92 **U** 우라늄 uranium 238.03	93 **Np** 넵투늄 neptunium	94 **Pu** 플루토늄 plutonium	95 **Am** 아메리슘 americium	96 **Cm** 퀴륨 curium	97 **Bk** 버클륨 berkelium	98 **Cf** 캘리포늄 californium	99 **Es** 아인슈타이늄 einsteinium	100 **Fm** 페르뮴 fermium	101 **Md** 멘델레븀 mendelevium	102 **No** 노벨륨 nobelium	103 **Lr** 로렌슘 lawrencium

참조) 표준 원자량은 2011년 IUPAC에서 결정한 새로운 형식을 따른 것으로 [ ] 안에 표시된 숫자는 2 종류 이상의 안정한 동위원소가 존재하는 경우에 지각 시료에서 발견되는 자연 존재비의 분포를 고려한 표준 원자량의 범위를 나타낸 것임. 자세한 내용은 https://iupac.org/what-we-do/periodic-table-of-elements/을 참조하기 바람.

표 6. 표준 주기율표(구리에서 납까지가 화학에서 말하는 중금속이다.)

에메랄드그린, 그 외 카드늄옐로우, 황화수은에서 추출한 버밀리언 등 안료는 모두 중금속을 포함하고 있다. 물감 이름에 금속 이름이 붙어 있다면, 정말 그 금속이 포함된 안료를 사용했다는 의미다.

과거 화가들은 물감에 함유된 중금속의 위험성을 몰라 단명하기도 했다. 튜브 형태로 된 물감이 없어 그림을 그릴 때마다 필요한 광석 가루와 기름 혹은 물을 섞어 물감을 직접 만들어 사용하는 바람에 많은 화가와 그의 조수들이 중금속에 노출되었을 것으로 추측된다.

과거에는 몰랐으나, 이후 많은 화가들의 사망 원인을 추적했을 때, 화가 본인이 사랑하던 물감에 든 중금속에 중독되어 있었다는 결과들이 이런 추측을 뒷받침하고 있다. 이러한 내용을 바탕으로 보건학계에서는 중금속 중독을 예술가의 직업병으로 간주할 정도다. 가령 실버화이트를 엄청나게 사랑했다고 알려진 미국 작가인 휘슬러는 결국 납중독으로 사망했다. 18세기 귀족들은 에메랄드그린, 페리스그린, 셀린그린 등 비소에서 탄생한 여러 색에 꽂혀 옷감부터 벽지까지 온통 초록색으로 꾸몄다고 한다. 나폴레옹 역시 초록색 페인트와 벽지로 꾸며진 자신의 방에서 사망했는데, 1961년 스웨덴의 의사인 스텐 포르슈후드Sten Forshuvud는 나폴레옹의 것으로 추정되는 머리카락에서 정상치보다 36배나 많은 비소를 발견했고, 따라서 그의 사인은 비소중독이라고 자신의 책에서 밝힌 적이 있다.

선사시대의 벽화, 중세시대의 프레스코화, 조선시대 전통 단청 등이 오랜 시간이 흘러도 색이 변하지 않는 것을 보아도 천연 안료의 보존력이 얼마나 강한지 알 수 있다. 원소 주기율표에서 탄소를 제외하고 나머지 금속 원소들이 주로 포함된 안료를 화학에서는 무기안료라고 부른다. 무기안료라면 자연에 존재하는 광물에서 얻은 물질이기 때문에 단가가 저렴하다. 페인트처럼 대량으로 색을 만들거나, 물감으로 만들었을 때 가성비가 좋기 때문에 그동안 많은 산업에서 활용되었다.

유화물감이건 수채화 물감이건 그 종류와 관계없이 아름다운 색채는 이러한 무기안료에서 나온다. 다행히 어린이들이 사용하는 물감은 색상 이름만 동일할 뿐 해당 중금속이 포함되지 않았다. 안전을 위해 중금속을 대체한 물질로 만들었으므로, 전문가용 물감에 비해 고유의 색감은 약간 떨어진다.

페인트, 물감 살 때 주의할 점들

중금속이 위험한 이유는 공기, 물, 식품 등과 같이 다양한 경로를 통해 체내에 들어오게 되면, 몸 밖으로 잘 빠져나가지 않아 결국 체내에 축적되기 때문이다. 대표적으로 식약처에서 지정하여 관리하는 유해 중금속은 납, 카드뮴, 수은, 비소 등이 있다. 안타깝게도 유해 중금속이라고 지정된 금속은 여러 산업에서 이용된다. 납의 경우엔 자동차 축전지에, 카드뮴은 물감에, 크롬은 자동차 부품이나 휴대품 부품에서 철 제품의 강도를 높여주고 표면에 입혀 광택을 내는 데 이용된다. 금속 표면이 녹스는 것을 방지하기 위한 크롬으로 도금하는 경우를 주변에서 가끔 볼 수 있다.

미량이나 소량의 중금속은 체내에서 큰 문제를 일으키지 않지만 일정량 이상 축적되면 위험해진다. 아직까지 체내에 축적된 중금속을 효과적으로 제거할 수 있는 의학적인 방법이 없기 때문이다.

중금속이 인체에 흡수되어 단백질과 결합하면 단백질이 제 기능을 하지 못한다. 뼈 조직에 분포하여 칼슘을 무력화시키기도 한다. 태반을 통해 태아에게도 전달된다. 이따이이따이병, 미나마타병을 통해 중금속 노출의 위험성은 널리 알려져 있긴 하다. 체내에서 배출이 거의 되지 않아 위험하지만, 여러 중금속이 이미 널리 쓰이기 때문에 전 세계적으로 검출 기준을 만들어 제품뿐 아니라 과

	수성페인트	유성페인트
특징	· 주로 실내에서 사용한다. · 냄새가 거의 없다. · 빨리 마른다. · 물을 희석해 사용한다	· 주로 실외에서 사용한다. · 냄새가 난다. · 건조하는 데 시간이 걸린다. · 신나를 희석해 사용한다.
용도	· DIY 가구 및 소품, 목재 · 건물의 외벽이나 콘크리트 · 시멘트벽, 벽지 등	· 건축물의 내외부용 도장재 · 철재 구조물의 부식 방지 · 목재용의 마감재

표 7. 수성페인트와 유성페인트 비교

일, 뿌리채소, 갑각류, 해조류 등 식품도 종류를 막론하고 중금속검사를 반드시 통과해야 유통이 가능하다.

그렇다면 중금속에 덜 노출될 방법은 없을까? 페인트는 몇 가지 사항만 주의하면 중금속 노출 위험을 줄일 수 있다. 저가형 제품은 중금속 안료를 사용하는 경우가 있으니 일단 의심하자. 내구성이 뛰어나지만, 냄새가 독해서 머리가 아플 것 같은 유성페인트보다 내구성이 약하더라도 상대적으로 유기용매(물에 녹지 않는 기름 성분을 잘 녹이는 물질)는 쓰지 않는 수용성 제품을 이용하는 것도 한 방법이다.

어떤 페인트라도 반드시 마스크와 장갑을 착용하고 충분히 환기가 이루어지는 공간에서 사용하는 것이 중요하다. 칠이 끝난 후 환기도 중요하며, 칠은 되도록 빨리 마를 수 있는 여름에 하는 것이 좋다. 만약 가구 등에 페인트를 칠했을 때는 햇빛이 있는 밖에서 충분히 건조시키면 페인트가 마르면서 발생하는 다양한 휘발성 물질 및 냄새를 제거하는 데 도움이 된다.

파스텔, 크레파스처럼 가루가 나오는 미술 재료를 사용할 때 입으로 불거나 손으로 닦는 일은 되도록 피하는 것이 좋다. 언제든지 호흡기를 통해 체내에 유입이 가능하기 때문이다. 그림을 고정하기 위한 픽서와 같은 스프레이 제형 혹은 아크릴물감 등은 환기가 잘 되는 공간에서 사용하는 것이 좋다. 아크릴물감 특유의 냄새는 그 안에 소량 포함된 암모니아와 포름알데하이드로 인한 것이니 냄새를 오래 맡고 있을 필요는 없지 않겠는가?

아이들의 경우 어린이용 제품을 사용하는 것이 좋다. 만약 미술을 전공하여 전문가용을 사용해야 한다면, 물감에 적힌 인증 마크를 확인하는 것이 도움이 된다.

현재 물감의 독성 여부를 판단하려면 ACMI미국미술과창작재료학회의 인증 마크를 확인해보자. ACMI에서는 모든 물

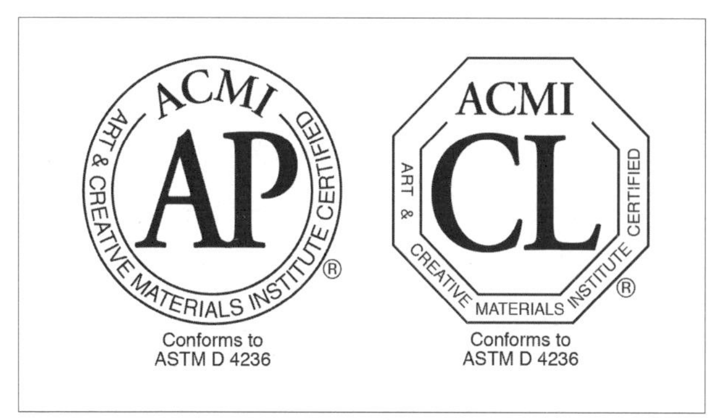

©ACMI

그림 6. ACMI 인증마크

감을 두 가지로 분류하고 있다. AP(Approved product)는 독성 전문가가 그 제품의 급성/만성 위험도를 평가해 안전하다고 분류한 제품에 부여하는 인증이다. 반대로 위험도 평가에서 안전하지 않다고 판명되면 CL(Cautionary Labeling) 마크를 부여한다. 이 마크는 독성 물질이라는 의미가 아니라, 안전성 문제가 있을 수 있는 물질이 포함되었으니, 사용 시 주의를 요한다는 의미다. 안전성에 문제가 있을 수 있기 때문에 더 주의를 기울이라는 뜻이므로, 이 마크가 있는 물감은 아이들이 만지지 못하게 하는 것이 좋다.

다행히 세상은 변했다. 그리고 우리는 과거를 통해 중금속이 얼마나 위험한지를 잘 알고 있다. 과학의 발전 덕분에 과거에 잘 알지 못했던 위험 요소에 대비할 수 있다. 그 노력의 결과가 바로 인증 제도다. 그럼에도 불구하고 원가 절감에 눈이 멀어 잘못된 선택을 하거나, 판매자의 책임을 다하지 않는 기업도 있다. 소비자인 우리가 판매자의 양심만 믿기엔 세상이 너무 위험하다. 새 물건을 산 후, 잘 닦고, 잘 말리고, 인증 마크를 확인한 뒤 사용하는 것. 지금의 우리가 할 수 있는 최선이 아닐까?

플라스틱:
가볍고 편리한,
인류 최대의 논란거리

아이들 장난감은 대부분 원목 아니면 플라스틱으로 만든다. 이유는 간단하다. 사용자가 아이이기 때문이다. 아이가 다치지 않기 위해 그리고 아이가 잘 사용하기 위해 소재는 늘 제한되어 있다.

먼저, 아이들 장난감은 가벼워야 한다. 아이들의 힘만으로도 쉽게 움직일 수 있어야 하기 때문이다. 크기가 작거나 혹은 무게가 적으면 당연히 부딪혔을 때의 충격도 줄어든다. 가속도의 법칙 공식, $F=ma$에 따라 부딪힐 때 힘을 크게 받으려면 m(질량)이 크고 a(가속도)가 붙어야 한다. 그러나 아이들이 아무리 있는 힘껏 던져도 그 속도가 야구선수들이 던지는 속도까지 갈 리가 없고, 질량도 가벼우니 가속도가 붙는다 한들 힘이 크게 발생하지 않는다. 한마디로 질량을 줄이면 부딪혀도 덜 다친다. 아이들의 피부는 어른에 비해 훨씬 더 약하기 때문에 상처가 생길 수는 있으나 장난감에 맞아서 뼈가 부러지거나 어딘가 함몰하는 등의 무시무시한 일은 거의 벌어지지 않는다.

다음으로, 아이들의 장난감은 말랑말랑하고 유연해야 한다. 아이들은 처음 만들어진 형태를 거부하고 자신의 취향대로 물건을 집거나 잡아늘리거나 하는 발달적 특성이 있다. 우리 아이는 엄마가 만든 레고 피규어의 머리만 떼서는 굴리기 놀이를 하고, 아빠가 만든 건담은 오체분시를 시켜 완벽히 해체했다. 아이들의 눈높이란 이러하다. 구제관절 인형의 관절을 정말 꺾어버리기도 하고, 휘면 안 되는데 180도로 꺾어주다가 망가트리는 등 매우 창의적인 방법으로 장난감을 가지고 논다. 장난감이 처음 만들어질 때 부여된 페르소나 따윈 안드로메다로 날리고 자기만의 방식으로 논다는 이야기다.

이러한 이유로 목재 장난감은 교구로 많이 이용된다. 목재로 만든 교구는 단단하지만 가볍고, 또 물에도 강해서 침범벅 아이들의 손에서도 형태가 망가지지 않는다. 목재 장난감 역시 매우 가벼우며, 모서리를 둥글게 처리하여 최대한 안전성을 높인다. 목재에도 단점은 있다. 말랑말랑하지 않고 단단하기 때문에, 아이들이 던졌을 때 맞으면 사실 아프다. 말랑말랑하며 다치지 않는 장난감은 플라스틱을 이용해서 만들 수 있다.

플라스틱 무한 변신의 원리

플라스틱을 한마디로 정리하면, 탄소로 이루어진 인공 고무다. 자연에서 얻어지는 고무(라텍스)가 아닌, 인간이 인위적으로 간단한 탄소화합물을 엄청 많이 붙여서 만드는 물질이다. 우리 몸의 구성 성분 중 하나인 탄소는 재미있는 특징을 가지고 있는데, 혼자 있으면 힘이 약하지만, 탄소가 또 다른 탄소를 만나 늘어나면 늘어난 탄소의 머릿수만큼 세진다. 흩어지면 약하고 뭉치면 강해지는 셈이다. 그렇게 탄소가 친구를 계속 늘려나가다 그 수를 헤아릴 수 없이 많은 친구가 모이게 되면, 그 무리를 고분자 중합체라고 부른다.

이 고분자 중합체, 다시 말해 플라스틱은 모인 탄소분자의 종류에 따라 특성이 달라지고, 다른 이름으로 불린다. 우리가 알고 있는 PE, PP, PVC 이렇게 말이다. 어린이 놀이 매트, 장난감, 가방, 캐리어 등 아이들이 사용하는 제품류에서 프탈레이트 가소제가 검출되었다는 기사가 나올 때마다 함께 끌려나와 혼이 나는 중합체는

PVC(폴리염화비닐)다.

PVC는 열에는 약하지만, 물에 강하고 주변의 화학물질에 의해 늘어나거나 찢어지지 않는 등 망가지지 않는 성질이 있다. 질기고 가공하기 쉽고, 잘 긁히지 않는다. 열에 약해서 휘어지기는 하지만, 이 자체가 불이 붙는 제품은 아니기 때문에 수명도 길고 가소제를 사용하여 유연하게 만들 수 있다. 그리고 열을 가하면 성형이 가능하기 때문에 재활용할 수 있다. PVC는 수도관, 음료수병, 전선 피복, 오줌관, 혈액 주머니, 창틀, 랩 등 다양한 제품에 활용된다. 그리고 아이들이 가지고 노는 장난감과 놀이 매트에도 사용된다. PVC는 일상생활에서는 없어서는 안 될 정도로 정말 많은 곳에 쓰인다.

사실 실험실에서 염화비닐을 사용해서 PVC를 만드는 실험을 해보면, PVC는 매우 딱딱하다. 그렇다면 전선 피복이나 놀이 매트, 말랑말랑한 플라스틱 장난감 등은 어떻게 만들어지는가? 바로 '가소제' 덕분이다.

앞에서 이야기한 것처럼 탄소분자는 같은 종류끼리 모이면 모일수록 손을 꽉 잡고 단단하게 연결되는 것을 좋아한다. 손을 꽉 잡았기 때문에 이 분자들은 서로 떨어지지 못한다. 떨어지지 못한다는 것은 화학적으로는 단단한 형태(구조)를 갖게 되었다는 뜻이다. 가소제는 분자들끼

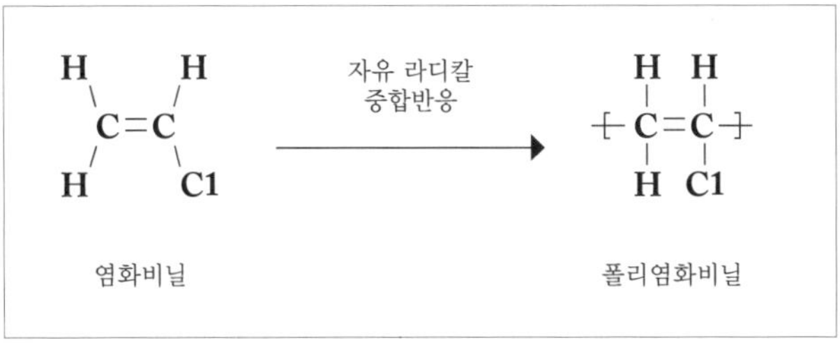

H H
C=C
H Cl

자유 라디칼
중합반응
→

H H
—C—C—
H Cl

염화비닐 폴리염화비닐

그림 7. 고분자 중합체 반응식

리 너무 손을 꼭 잡지 않게 물리적인 형태만 변경해주는 물질로, 이것 덕분에 우리는 말랑말랑한 플라스틱 장난감 혹은 전선 피복 같은 플라스틱을 사용할 수 있게 된다. 이 가소제의 한 종류가 바로 프탈레이트 계열 물질이다.

플라스틱 유해성 논란이 바꾼 것들

프탈레이트의 역사는 상당히 길다. 1930년대부터 이용된 이 프탈레이트계 가소제는 플라스틱뿐만 아니라 페인트, 전자제품, 식품 용기 등 다양한 제품 제조에 쓰였는데 1990년대 들어서야 이런 프탈레이트가 위험하다는 문제가 제기되었다.

환경호르몬에 대한 사람들의 관심이 높아지면서 이러한 인식이 확산되었는데, 1962년 발표된 레이첼 카슨

Rachel Carson의 저서 《침묵의 봄》이 그 계기였다. 이 책이 화제를 모으며 제1차 세계대전에서 이용한 살충제와 제초제에 관한 관심이 높아졌고, 이후 사용하는 다양한 화학물질의 독성에 대해 사람들의 궁금증이 커졌다. 이때 처음으로 프탈레이트가 주목을 받으면서 각국의 여러 학교와 공공기관에서 독성 평가를 시작했다. 그러던 중, 암의 원인을 연구하는 세계보건기구 산하 기관인 국제암연구소에서 1987년 프탈레이트 중 하나인 프탈산 에스테르와 암의 관련성에 관한 연구 결과를 발표했다. 이때 처음으로 프탈레이트의 발암성과 생식 기형에 대한 안전성 평가 연구가 발표되었고, 이것을 시작으로 프탈레이트의 유해성 논란이 가속화되었다.

첫 유해성 논란 이후 각국에서 다양한 후속 연구를 진행했고, 그 결과 대부분의 나라에서 1999년부터 프탈레이트 계열의 몇 종류 물질을 내분비계 교란물질로 관리하고 있다. 내분비계 교란물질이란, 말 그대로 체내에 내분비계가 정상적으로 기능하는 것을 방해하는 물질을 말한다. 우리가 배출한 물질이 다시 체내로 유입되어 호르몬처럼 작용한다고 하여, 환경에서 온 가짜 호르몬, 흔히 환경호르몬이라고 부른다. 대표적인 환경호르몬에는 DDT가 있다. DDT는 현재 알려진 내분비계 교란물질

중에서 생식 독성 여부가 아주 명확하게 밝혀진 몇 가지 되지 않는 물질 중 하나다.

이렇게 20세기 후반, 인간은 스스로 만든 물질이 환경을 파괴하지 않는지, 자신을 공격하지 않는지에 대한 의문을 처음으로 가지게 되었다. 이후 과학자들이 연구하여 현재까지 밝혀진 환경호르몬 추정 물질로는 DDT와 같은 농약류, 다이옥신류, 식물성 에스트로겐, 유기중금속류 그리고 프탈레이트 가소제류가 있다. 물론 여기서 말하는 프탈레이트 가소제라는 것은 프탈레이트라고 하는 특정 화학구조를 포함하고 있고, 플라스틱을 말랑하게 만드는 데 사용되는 다양한 화학물질들을 총칭하는 말이다. 생체 내에서 문제를 일으킬 수 있다고 의심하여 규제하는 물질은 이 중 일부에 해당한다.

국제암연구소에서 인체발암가능물질로 디에틸헥실프탈레이트DEHP를 선정했고, 우리나라를 포함한 각국에서는 이 권고안을 받아들여, DEHP 및 이와 유사한 구조를 가진 물질들 여섯 가지를 규제하고 있다. 현재 국내에서 위험할 수도 있다고 판단하여 보수적으로 사용을 제한하는 프탈레이트 6종은 DEHP, DBP, BBP, DnOP, DIDP, DINP인데, 이런 물질을 규제하는 이유는 이 물질이 환경에 잔류하기 때문이다. 동물실험에서 일부지만 암컷의 불임, 수컷의 정자수 감소와 관련된 연구가 나온 만큼 당장 확실하지는 않지만 어쩌면 위험할지 모른다고 판단하는 경우, 보수적으로 이를 규제하는 것이 가장 합리적인 선택이기 때문이다.

현재는 모든 나라가 모든 종류의 프탈레이트 가소제의 사용을 완전히 금지하고 있지는 않다. 각 나라마다 자주 사용하는 프탈레이트의 종류가 다르기 때문에, 나라별로 특정 몇 가지를 금지 또는 규제하는 방식으로 조절하고 있다. 우리나라는 용도별로 검출량을 규제하고 있고, 관련 위험성 연구를 토대로 사용량을 줄이는 추세다. 이에 맞춰 산업계에서도 대체할 수 있는 원료로 바꾸거나, 어쩔 수 없이 사용해야 하는 경우에는 사용량을 제한하고 있다. 또한 아이들이 사용하는 제품에 한해서는 프탈레이트 가소제를 절대로 쓰지 못하도록 규제하고 있다. 프탈레이트류처럼 생활 속 노출이 너무 많고, 노출되는 경로가 다양한 유해 물질은 미량이라도 체내에 유입될 가능성이 높기 때문에 철저하게 관리하는 것이다.

아이들은 장난감을 늘 만지작거리고 놀고, 장난감을 입에 넣기도 하고, 그것을 가지고 놀던 손을 자기 입에 넣기도 한다. 물론 엄마 입에도 넣어주고, 친구 입에도 넣어주고 하지 않던가? 장난감류에서 프탈레이트 가소제를 더 엄격하게 규제하는 이유는 바로 주사용자인 아이들의 특성상 노출 경로를 예측할 수 없기 때문이다. 하지만 일부 양심 없는 판매자들이 만든 제품에서 프탈레이트가 검출되었다는 뉴스를 접하면 불안하지 않을 수 없다. 규제 물질은 검출되면 안 되는데도 자꾸 검출되는 일이 발생하곤 하는데, 규제가 느슨한 다른 나라에서 생산된 제품이거나 또는 가격이 너무 저렴하거나 하는 경우, 기존의 저렴한 공정을 그대로 따르는 경우가 많기 때문이다.

일상 속 제품 사용 규칙

사실 불량품이 아니고서야 가소제는 기준치 이상으로 검출되면 안 된다. 제품 세척이 덜 되었다는 것을 증명하는 셈이기 때문이다. 플라스틱은 성형 전 가소제를 넣고, 성형 후 세척 등 제품 후처리하는 과정에서 가소제가 기준치 이하로 제거된 후 출시되어야 한다.

그래도 불안하다면 너무 저가의 장난감은 되도록 피하는 게 가장 간편하다. 또한 제품안전정보 사이트에서 제공하는 리콜 정보를 참조하거나 내가 쓰는 제품이 혹시 리콜 대상인지 확인해볼 수 있다. 그나마 다행인 점은, 프탈레이트류는 신체 내에서나 환경에서 분해되는 속도가 우리 생각보단 빠르다. 체내에서 분해가 안 되는 중금속에 비하면 양반인 셈이다. 대개 이런 프탈레이트류는 1년 365일 뿜어져 나오는 것이 아니라, 일정 시간이 지나면 처음보다 양이 줄어든다. 처음의 농도에서 그 절반으로 떨어지는 기간을 반감기라고 부르는데, 공기 중에 프탈레이트의 농도가 절반으로 떨어지는 시점은 하루에서 사흘 정도로 알려져 있다. 시간이 흐르면 공기 중에서 프탈레이트가 저절로 분해된다는 뜻이다. 다시 말해, 프탈레이트가 뿜어져 나올 확률이 높은 새 제품은 씻어서 베란다에 일주일만 말리면, 처음 구매했을 때 묻어서 왔을 프탈레이트의 절반이 하루면 없어진다는 것이고, 일주일이면 안심할 정도로 줄어든다는 것이다.

나의 경우 아이가 어려서 무엇이든 입에 가져가던 시절만 해도 새로 구매한 모든 플라스틱은 다 세척 후 사용했다. 그리고 햇빛 잘 드는 곳에서 잘 말려주면, 흔히 말하는 플라스틱 냄새(보통 남은 잔류 가소제 냄새가 섞여 있을 확률이 높다)를 제거할 수 있다. 또한 다행히도 프탈레이트는 광분해가 가능하다.

사람들이 일상생활 속에서 프탈레이트 가소제와 같은 물질에 가장 많이 노출될 경우가 생긴다면, 그것은 아마도 집 혹은 사무실과 같은 실내일 것이다. 실내에는 아무래도 플라스틱이나 접착제가 사용된 물질이 가장 많이 있고, 공기 자체가 야외처럼 늘 순환되지는 않기 때문이다. 프탈레이트에 대한 국내 다양한 연구를 살펴보면, 실제로 우리 몸에 프탈레이트류가 유입될 수 있는 경우는 실내 공기를 통해서라고 한다. 실내 공기 중에 퍼져 있던 프탈레이트류가 호흡할 때 폐로 직접 들어오거나, 혹은 피부로 흡수될 확률이 있다는 것이다.

특히 이 프탈레이트류는 실내 공기에 퍼져 있는 먼지에 붙어서 돌아다니는 경우가 있기 때문에, 실내 먼지를 통해서도 체내에 유입될 가능성이 있다고 한다. 어른과 아이에게 같은 양의 프탈레이트류가 유입된다면, 어른은 몸의 부피 대비 독성 물질이 소량이기 때문에 큰 문제가 되지 않지만 아이들의 경우 몸의 부피 대비 독성 물질의 양이 많아지기 때문에 오히려 큰 위협이 될 수도 있다는 것이 많은 연구 결과의 공통적인 결론이었다. 그러므로 가장 간단하게 해줄 수 있는 일은, 새로 산 물건을 한번 씻거나 혹은 베란다에서 햇볕을 쬐는 것 빼곤 없었다. 이렇게 해도 냄새가 사라지지 않는 경우 나는 아깝더라도 모두 폐기했다. 불안해하면서 사용할 수 없었기 때문이다.

플라스틱 장난감이 너무나도 불안하다면, 세척하자. 그리고 일주일간 잘 말린 후 사용하는 것이 좀 더 안전하게 플라스틱을 대할 수 있는 좋은 방법이다.

슬라임:
재미만큼
규칙이 필요하다

코로나19로 세상이 멈췄다. 세상이 멈추고, 학교가 멈추고, 어린이집과 유치원이 모두 멈추었던 지난 시간, 모든 양육자는 자신의 온갖 재능을 끄집어내어 아이들을 돌봐야 했다. 양육자들은 그렇게 갈 곳을 잃은 채 아이들과 함께 집에 셀프로 갇혀야 했다. 나 역시 유치원에 가지 않는 7세 아이와 노는 것은 참으로 어려운 일이었다. 온갖 보드게임을 섭렵하다 못해 무한 보드게임 지옥에서 헤매던 나는, 더 이상 할 것이 없어서 아이와 함께 슬라임을 만들곤 했다.

슬라임을 가지고 노는 이들은 아이뿐만이 아니다. 많은 어른도 이 슬라임을 조물조물하며 놀기를 좋아한다.

오죽하면 이런 슬라임 관련 콘텐츠들이 대부분 어른이 만드는 콘텐츠겠는가?

사실 슬라임은 새로운 것이 아니다. 어릴 때 보았던 영화 〈플러버〉에서 음악에 맞춰 덩실덩실 춤을 추던 그 녹색 젤리들! 바로 그 젤리가 지금 아이들이 구석에서 제조하고 있는 슬라임이다. 대강 사촌 정도라고 치자. 세월이 그리 흘러도 특정 연령의 아이들이 꽂히는 장난감은 정해져 있나 보다. 어린 시절 문방구에서 탱탱볼 사서 신나게 던지던 우리……, 탱탱볼의 흐느적 버전인 슬라임을 조몰락거리는 우리의 아이들……. 흐느적거리고 말랑거리는 물질에 대한 인간의 호기심은 없어지지 않나 보다.

이 재밌는 슬라임은 아이들 장난감 중 유해성 논란이 있는 대표적인 화합물이다. 2018년 처음 문제가 제기된 후, 각종 언론에서는 슬라임을 화학물질 덩어리, 유해 물질 덩어리로 포장해서 신나게 방송을 해댔다. DIY 제품도 문제라 하고, 시중에 파는 제품도 문제라 하고, 그런데 아이들은 가지고 놀겠다고 하니 고민이 되는 슬라임, 정말 가지고 놀아도 될까?

슬라임, 물을 잘 먹는 고분자

슬라임의 유해성 논란은 이걸 가지고 놀던 아이들이 손

에 화상을 입었다는 해외 뉴스가 시작이었다. 그리고 판매되는 슬라임에서 가습기 살균제 사건의 주범으로 알려진 CMIT, MIT 등이 검출되었다는 보도[3]가 쏟아지면서, 제2의 가습기 살균제 사건[4]이라며 난리도 그런 난리가 없었다.

슬라임에서 유럽연합 기준치의 최대 7배에 달하는 독성 물질이 검출됐다고 밝힌 서울대 논문이 화제가 되었으나, 논문의 저자가 데이터를 잘못 해석한 것으로 밝혀져 큰 파장이 일었다. 대한화학회까지 나서서 해당 논문이 말하는 슬라임 유해성 정도가 과장되었다고 발표했지만, 유해성에 관한 보도가 쏟아지는 만큼 사람들은 여전히 불안하다.

언론 보도를 잠시 제쳐두고 슬라임의 원료로 이용되는 물질을 생각해보자. 이 성분을 개별적으로 살펴본다 해도 광고에서 말하듯이 아주 안전하다고는 확실하게 말하기가 어렵다.

슬라임 유해성 논란의 핵심은 다음 두 가지다.

· 슬라임에서 사용되는 붕사는 생식 독성 물질이다.
· 슬라임에서 가습기 살균제 사건과 동일한 유해 물질이 나왔다.

이 논란들을 따져보기 전에 먼저 슬라임이 무엇인지 정의해보자. 슬라임을 한 단어로 말하자면, 바로 고분자다. 그것도 물을 잘 먹는 고분자. 식으로 나타내면 다음과 같다.

> 슬라임 = PVA(폴리비닐알코올 수용액) + 붕사수용액(Borax)
>
> + 기타 데코(비즈, 반짝이, 파츠 등)

PVA는 폴리비닐알코올이라고 하는데, 바로 물에 잘 녹는 고분자다. 막이 잘 생기고, 접착력이 좋은데다, 심지어 물에 잘 녹기 때문에 여러 용도로 쓰인다. 우리가 아는 물풀의 주재료이고, 인공눈물에서 막을 형성하는 역할을 하고, 약제로도 쓰이고, 생리대나 기저귀의 흡수체로도 이용된다.

아주 매력적인 물질이 아닐 수 없다. PVA는 또한 최근 김서림 방지제 코팅막으로 유용하게 이용되고 있다. PVA의 물을 흡수하는 성질 때문에 입김으로 생긴 물방울이 맺히지 못하고 흩어지는 것이다. 이 물질은 심지어 독성이 없는 것으로 알려져 있다. 이러한 이유로 PVA가 포함된 많은 문구류에는 '무독성'이라는 표현이 종종 등장하곤 한다.

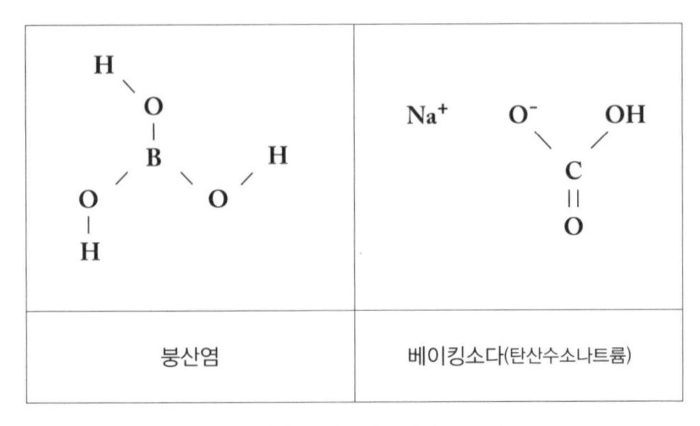

그림 8. 붕산염과 베이킹소다의 구조식 비교

그러나 이런 무독성 PVA(일명 물풀)만으로는 완벽하게 슬라임을 제조할 수 없다. 그냥 PVA만으로는 끈적끈적할 수는 있으나, 슬라임처럼 쫀득쫀득 손에서 떨어지는 느낌은 나지 않는다. 그래서 PVA에 무언가를 더 첨가해야 한다. PVA는 고분자로 안에 고분자들이 실뭉치처럼 뭉쳐서 끈적한 물엿과 같은 상태로 존재한다. 그런데 여기에 붕사Borax를 넣어주면, PVA의 사슬이 풀리면서 뭉쳐 있던 사슬이 살짝 풀려 덩어리지는 (마치 되다 만 수제비 반죽처럼 말이다) 성질이 나타난다. 아! 이때 포인트는 붕사를 가루째 넣는 것이 아니라, 물에 녹여서 넣어주어야 한다는 것이다.

그림 9. pH 산성표

붕사는 물에 녹으면 붕산염borate이 되는데, 이 붕산염이 바로 PVA와 PVA 사이에서 연결고리를 만들어 차르륵 흘러내리던 PVA가 엉길 수 있도록 한다. 만약 붕사가 없다면, 대체 물질로는 베이킹소다와 렌즈세정액이 있다. 물론 베이킹소다도 물에 잘 섞어서 써야 하고 여기에 렌즈세정액도 섞어서 붕사 용액처럼 만들어서 사용해야 한다. 그리고 이 붕산염은 염기성 물질이다. 자, 이 점을 기억하자. 베이킹소다 역시 정확한 명칭은 탄산수소나트륨이며, 역시 물에 녹으면 염기성을 띠는 물질이 된다. 즉, PVA 고분자는 염기성 물질을 만나 새로운 가교가 생기고, 조물조물거릴 수 있는 형태가 완성되는 것이다.

붕사와 베이킹소다는 일상생활에서 널리 사용되는 만큼 크게 문제가 되는 물질은 아니었다. 일반적인 세제의 pH가 12 정도라면, 붕사가 물에 녹아 만들어지는 붕산염의 pH는 대략 9~10 정도고, 베이킹소다가 물에 녹아 만들어지는 염기성물질의 pH도 역시 8~9 정도다. 비누보다는 pH가 낮고, 중성인 물보다는 pH가 높다.

데이터상 크게 문제가 되지 않을 것처럼 보이지만, 엄마 그리고 화학자라는 입장에서 슬라임이 우려되는 부분은 사실이 pH, 즉 산성도 부분이다. 사실 나는 많은 이들이 말하는 생식 독성이나 살균제 성분보다는 장시간 아이들이 물질을 가지고 놀았을 때 발생할 가능성이 있는 접촉 독성이 더 걱정이다.

슬라임이 DIY 제품이건 시판되는 제품이건 완벽하게 안전함을 담보하기는 어렵다고 생각한다. 우선 DIY 제품 사용 시 가장 우려되는 점은 붕사의 과량 사용이다. 붕사가 물에 녹아 생겨난 붕산염은 앞에서 이야기했듯 염기성 물질이다. 염기성 물질과 산성 물질 모두 피부에 자극을 준다. 직설적으로 표현하면, 손바닥이 훌렁 벗겨질 수 있다는 것이다. 이런 일을 방지하려면 낮은 농도의 붕산염을 만들어야 하는데, 아이들이 그렇게 섬세하게 농도를 맞출 수 있을지가 걱정이다. 그렇다면 대체품이라는 렌즈

세정액과 베이킹소다는 안전할까? 염기성의 세기는 약간 다르지만 베이킹소다 역시 아이가 사용할 때 농도 조절에 실패하면 고농도의 염기성 물질이 된다. 덧붙여 렌즈세정액을 구성하는 화학성분의 주목적은 보존제와 세정제다. 즉, 슬라임을 만들기 위한 용도는 아닌 것이다.

물론 슬라임 만드는 것이 유행을 타면서, 지금은 인터넷에 검색을 하면 쉽게 만드는 법을 알 수 있다. 무턱대고 만들던 유행 초창기와는 달리, 섞는 방법과 순서, 양도 잘 정리되어 있다. 순서대로 잘 섞는다면 큰 문제가 없겠지만, 막상 집에서 혼합하다 보면, 안내서에 나오는 것처럼 바로 만들어지지 않기도 한다. 그러면 정해진 양보다 더 많이 넣게 되고, 그러다 보면 의도치 않게 염기성 물질에 노출될 가능성도 있다.

시판되는 완제품 슬라임은 일정성분비의 법칙에 따라 비율대로 그리고 중량대로 물질을 혼합하고, 최종적으로는 정제라는 과정을 거쳐 KC 인증을 받은 제품들이다. 그러나 DIY는 그때그때 혹은 사람마다 제조하는 방식이 모두 달라지기 때문에 농도 조절이 잘 안 될 경우 문제가 발생할 수 있다.

물론 독성 물질에 한번 노출된다고 반드시 문제가 발생하는 것은 아니다. 뉴스에서 무섭게 말했던 붕사의 독성 문제는 붕사를 먹었을 때의 문제점을 말한 것이기 때문에, 단순히 피부로 접촉하는 슬라임의 경우에는 크게 걱정하지 않아도 된다. 손으로 만졌다고 해서 무조건 독성 성분이 몸에 들어가는 건 아니기 때문이다. 다만, 아이들은 손을 곧잘 입으로 잘 가져가므로 '문제가 없다'라고 보기엔 어려울 수도 있다.

독성에 노출된 횟수와 시간 모두 중요하다

나는 독성 물질 노출 기준에 맞춰 슬라임을 갖고 놀 때도 약간의 규칙은 필요하다고 생각한다. 먼저 슬라임을 만들 때 장갑은 필수다. 렌즈세정액에 베이킹소다를 넣고 섞든지 아니면 붕사를 넣든지, 슬라임을 만들 때는 나무젓가락을 사용하고 손에 올릴 때는 반드시 장갑을 끼도록 한다.

처음 슬라임을 만들 때는 싫든 좋든 염기성 용액과 PVA를 섞는 단계를 거쳐야 한다. 슬라임이 완전히 형성되기 전이기 때문에 염기성 물질이 손에 튈 수도 있는 가능성 등을 고려하여 피부 보호용 장갑 사용을 추천한다. 일회용 장갑, 라텍스 장갑 등 어느 것이든 상관없다.

또한 과량이나 혹은 고농도의 물질이 생기는 것을 방지하기 위해 염기성 물질 붕사를 물에 녹이거나 베이킹소다를 물에 희석하는 일은 보호자가 정량에 맞춰 미리 섞어놓기를 추천한다. 아이들은 가루를 섞으라 하면 분명 탈탈 부어버릴 것이기 때문이다.

슬라임이 제대로 잘 만들어졌다고 해도 고분자 물질을 합성하고 남은 염기성 물질이 잔류할 가능성이 없진 않다. 그러한 이유로 나는 맨손으로 슬라임을 가지고 노는 경우 하루에 1회를 넘지 않고 최대 한 시간 내에서만 놀자고 아이와 약속했다. 접촉 시 발생할 독성이 걱정되어서다. 독성 물질의 위험도를 측정하는 다양한 시험이 있는데, 독성 물질의 독성은 1회 독성만 보는 것이 아니라, 하루에 여러 번 우리가 그 물질에 노출되었을 때 위험한지 그리고 위험하다면 어느 정도 노출되었을 때가 그나마 덜 위험한지를 체크한다. 그 기준을 대략 짧게는 한 시간, 길게는 4시간, 더 길게는 24시간으로 확인하기도 하는데, 아이의 피부 상태를 감안하여 나는 한 시간을 기준으로 하고 있다. 내가 아이를 보호하기 위해 할 수 있는 제한으로 최대 한 시간을 넘겨 놀지 못하도록 하는 것이다.

마지막으로 슬라임을 가지고 놀기 전과 후에는 손을 씻도록 하고 있다. 슬라임 안에 물이 포함되어 있기 때문에, 박테리아나 세균이 번식할 가능성이 매우 높다. 그리고 아이들의 손은 생각보다 더럽다. 실제 나는 아이가 만진 슬라임이 일주일 뒤에 곰팡이가 핀 것도 목격했다. 따라서 놀이 전후로 손을 씻게 하고, 슬라임은 주기적으로 버린다.

과학에서 말하는 독성이란, 한번 물질을 만졌다고 해서 나타나는 현상만을 말하지 않는다. 한번 만져서 문제가 생기면 살상용이다. 우리를 둘러싼 모든 화학물질 심지어 물까지도 나름 독성을 나타내는 기준점이라는 게 있다. 일상생활 속에서 말하는 독성의 기준이란, 많은 양을 한 번에 먹게 되거나, 혹은 하루를 기준으로 자주 섭취하거나, 장시간 특정 물질을 만지거나, 혹은 장시간 공기 중에서 그 물질에 노출되거나 등의 기준으로 판단한다. 그러므로 독성이란 단어에 너무 놀라지 않도록 하자.

불소:
충치를 막는 강력한 화학결합

불소는 치약 혹은 치과에서 해주는 불소 코팅 등으로 더 유명한 물질이다. 충치를 예방하는 효과가 있기 때문이다. 아이들은 무불소 치약 혹은 저불소 치약을 사용해야 한다부터 시작해서, 성인에게도 불소는 독성이 있는 물질이기 때문에 치약에 불소가 없는 자연 치약을 사용해야 한다는 주장도 있다.

그런데 얼마 전 태아가 불소에 노출되면 인지 능력에 문제가 생기고, 장기간 불소가 함유된 물을 마시면 인지가 저하된다는 주장을 담은 논문이 화제가 되었다. 이 주장은 사실일까?

2017년 발표된 이 논문은, '출생 전 불소 노출'과 '낮은 지능지수'가 관련이 있다고 주장한다. 이 연구는 멕시코에 사는 특정 연도(1997~1999, 2001~2003)에 임신 중이었던 여성들의 불소 노출 정도와 그들의 자녀들(6~12세)의 지능의 연관성을 조사한 연구였다. 실제 아이의 지능이 살짝 낮다는 결론이 나왔는데, 이 결론만 보면 불소가 굉장히 위험한 물질 같다. 그러나 이 논문에는 가설 하나가 잘못 설계되었다. 이 연구에서 조사한 임신부들은 불소가 들어 있는 수돗물에 노출되지 않았다는 사실이다.

또한 논문이 선행연구로 언급하는 논문은 과거 멕시코에서 중금속 및 기타 화학물질에 대한 노출이 임신부와 어린이에게 미치는 영향을 조사한 것이라 한다. 심지어 이들이 조사한 내용에서 불소는 쏙 빠져 있다. 위에 언급한 바와 같이, 불소가 있는 수돗물에 노출도 되지 않았고, 불소를 조사한 적도 없는데 왜 이 논문은 불소의 위험성을 주장하는 걸까? 이런 의심할 여지가 있음에도 불구하고 이 연구 논문은, 현재도 불소가 자궁 속 태아의 인지능력을 저하시킨다는 내용의 헤드라인으로 돌아다녔고, 위의 주장에 힘을 실어주는 데이터로 자리 잡았다.[5]

불소와 옥텟 규칙

물론 그렇다고 해서 '불소가 안전합니다'라고 할 수는 없다. 불소는 연두색 가스인데, 자극적인 냄새가 나고 눈이 나 피부에 접촉 시 심각한 자극과 부식이 일어나며 흡입 시 호흡기 점막이 녹아내리는 위험한 분자(원자 두 개가 합쳐진 형태)다. 즉, 우리가 기체 형태의 불소에 노출되면 위험하다.

치약에 들어가는 불소는 불화물이라는 형태로 존재한다. 아, 그 전에 먼저 불소 자체에 대해 말해보자면, 원자번호 9번으로, 원소기호는 F이며, 반응성이 아주 크다. 앞으로 화학적인 맥락에서 불소를 설명할 텐데, 최대한 쉽고 간략하게 이야기를 풀어볼 테니 잘 따라와주시길 바란다.

지구상의 모든 물질은 원자라고 하는 아주 작은 단위의 물질로 구성되어 있다. 이 원자는 딱 한 개가 아니다. 그 안을 살펴보면 원자의 질량을 담당하고 있는 핵(안에 양성자와 중성자가 같이 있다)과 전자라고 하는 물질로 이루어져 있다. 화학 세계에서 원자는 혼자 다닐까? 꼭 그렇지 않다. 혼자 다니고 싶은 원자도, 무리를 지어 다니고 싶은 원자도 있다. 물론 나름의 규칙에 맞춰서 말이다. 이렇게 원자끼리 만나 의기투합한 것을 화합물이라 부른다. 화합물은 얼마나 친분이 두텁고 서로 의지하는지, 각 원자의 기본 입자인 '전자'라고 하는 재산까지 서로 주거니 받거니 하며 살아간다.

여기에는 나름의 규칙이 있는데, 이를 옥텟 규칙이라고 한다. 이 규칙에 의하면 모든 원자는 가장 바깥쪽에 있는 오비탈이라고 부르는 금고에 최대 여덟 개의 전자를 보관할 수 있다. 여덟 개의 전자를 안정적으로 확보해야만 가장 낮은 에너지를 갖는 안정된 상태를 유지할 수 있어서, 그렇게 하기 위해 다양한 물질을 만들어 살아가고 있다. 물론 이 중엔 가끔 처음부터 전자 여덟 개를 딱 채우고 있어 굳이 화합물을 만들지 않아도 항상 안정된 에너지 상태를 유지하고 있는 네온이나 아르곤 같은 불활성 기체도 있다.

불소는 주기율표에서 7족, 할로겐족에 속한다. 그렇다면 '족'은 무엇일까? 원소 주기율표에는 각 원소들마다 현재 가지고 있는 전자(=자산)가 얼마인지를 체크해서 같은 재산 규모의 원소끼리 세로로 줄을 세워두었다. 이것을 '족'이라고 부른다. 7족에 속하는 물질은 전자를 일곱 개 가지고 있는 것이다. 불소는 전자 일곱 개를 다른 원자에게 줄 수 있지만, 반대로 여덟 개가 최대인 자산을 맞추기 위해 다른 그룹의 원자에서 전자 한 개를 빌리거나 공유받을 수 있는데, 이런 경우를 '화학결합'을 하고 있다고 표현한다.

불소는 자산 일곱 개를 최대인 여덟 개로 빨리 불리고 싶고, 다 채우고 나면 현상 유지를 하고 싶어 한다. 그래서 한번 결합을 형성해서 전자를 잡으면 놓지 않는다. 즉, 결합이 잘 끊어지지 않는다. 어지간한 정도의 힘이 가해지지 않고서는 자신의 최대 자산을 지키고자 하는 불소의 강한 의지를 꺾기가 어렵다.

치약에 들어가는 불소화합물인 불화나트륨NaF 역시 마찬가지다. 자산 여덟 개를 채워 가장 낮은 에너지 상태를 구축했는데, 굳이 새로운 파트너를 찾을 이유가 없다. 불화나트륨은 우리가 양치질을 하는 동안 치아 법랑질 속에 들어가 플루오라파타이트$Ca_3(PO_4)_3F$라고 부르는 단단한 갑옷을 만들어주는 역할을 한다. 이렇게 만들어진 플루오라파타이트는 불화나트륨보다 훨씬 더 안정적인 물질로 변화하여 법랑질을 입속 박테리아가 만들어낸 산acid으로부터 지켜주는 단단한 갑옷 역할을 한다. 플루오라파타이트는 상어의 이빨을 구성하고 있는 성분인데, 상어 이빨이 엄청 단단하다는 것은 누구나 알고 있을 것이다. 우리는 불소 치약을 사용함으로써, 상어 이빨만큼은 아니지만, 상어 이빨 구성 성분과 같은 성분으로 치아에 코팅을 입히는 것이다.

무불소 치약엔 이런 성분이 없고, 대체제로 수산화인회

석(하이드록시아파타이트)이라고 하는 물질이 들어 있는 경우가 있는데, 이 물질은 치아의 법랑질과 동일하다. 치아를 닦는 데에 치아와 동일한 성분을 집어넣은 셈이다.

어린이용 치약은 무불소 또는 저불소다. 무불소의 경우 뱉는 걸 하지 못하는 영유아용, 저불소 치약은 어린이용인데 이런 치약을 굳이 만들어 사용하는 이유는, 아이들은 양치 후 치약을 삼킬 우려가 있기 때문이다.

불소에 중독될 가능성은 얼마나 될까

물론, 극단적으로 불화물을 과량 섭취하면 불소 중독이라는 문제가 생기기도 한다. 그러나 지표에 따르면, 이 중독이 실제로 일어나려면 입으로 섭취하고, 몸무게 1kg당 5mg 이상을 섭취해야 한다. 자, 그럼 양치질을 하다가 치약을 삼키면 위험할까?

사실은 그렇진 않다. 치약에 들어 있는 불화물의 함량은 성인 치약 100g을 기준으로 1000~1500ppm(피피엠, 100만분율. 어떤 양이 전체의 100만분의 몇을 차지하는가를 나타낼 때 사용된다) 정도이므로, 우리가 치약을 먹고 불소 중독에 걸리기 위해서는 몸무게 20kg 정도의 아이가 한 번에 성인 치약 두 개를 먹어야 한다는 계산이 나온다. 그 정도로 극단적으로 복용할 일이 없으므로 치약이 안전하다고 이야기하는 것이다. 그리고 미량의 불소는 소화되어 체외로 배출되므로 아이가 치약을 삼켜도 크게 놀라지 않아도 된다.

세상 모든 물질에는 다 치사량이 있다. 물도 한 번에 많이 마시면, 소금도 한 번에 많이 먹으면 죽는다. 그러나 목이 마를 때 물을 마신다든지 또는 맛이 없는 음식에 소금을 쳐서 간을 하면 훨씬 더 풍미가 살아나는 것들을 볼 때, 이 물과 소금을 독극물이라고는 이야기할 수 없지 않은가?

불소 역시 마찬가지다. 인간에게 딱 이로운 양만큼만 사용할 때는 크게 걱정할 필요가 없다. 우리에게 노출되는 불소는 그 농도가 매우 낮은 데다가 심지어 치약의 경우엔 물로 헹궈 뱉어내기 때문에, 섭취할 가능성이 매우 낮다.

불소 치약이 너무나도 무서워 사용하지 않는다면, 일단 충치에 노출될 확률, 치은염 등에 걸릴 확률은 꽤나 높아질 수밖에 없다. 일반적으로 우리가 사용하는 치약에는 불소와 연마제가 들어 있는데, 불소는 치아 표면의 소독과 방어막을 담당하고, 연마제는 치아에 붙은 프라그(치태)와 이물질을 떼어낸다. 다시 말해, 불소가 빠지면 이 치약은 연마제만 덜렁 있는 셈이 되고, 연마제는 프라

그와 이물질은 떼어내지만 충치균을 제거하지는 못한다. 불소 치약이 정 무섭다면 치약을 권장 사용량보다 적게 사용하고 양치 후 물로 여러 번 헹구는 편이 더 나을 것 같다. 불소 피하려다 충치라니……, 공포를 피하려는 비용 대비 너무 큰 희생이 아니겠는가?

테플론:
코팅 프라이팬은 죄가 없다

주방용품을 사기 위해 홈쇼핑을 자주 이용한다. 물건 고를 고민 없이 패키지 구매를 선호하는 성향 탓인데, 간혹 방송을 보다 눈살을 찌푸릴 때가 있다. 코팅 프라이팬에서 유독 물질이 검출되기 때문에 이런 우려가 없는 스테인리스 프라이팬을 써야 건강에 좋다 뭐 그런 문구가 나올 때 말이다. 이런 마케팅에서 지칭하는 유독 물질은 바로 테플론이라 불리는 불소화합물이다.

테플론은 열에 강하고, 불이 붙지 않는 특징이 있다. 물이나 식초, 고온에 의해 부식되지 않는다. 개발 초기인 1940년대, 테플론은 이런 특징 덕분에 군수물자인 탱크, 폭탄 등에서 방수제로 사용되었고, 이후 우주 로켓에도 이용되었다.

1945년 미국의 화학기업 듀폰은 테플론을 사용해 '주방계의 혁명'이라 불리는 테플론 프라이팬을 만들었다. 또한 테플론은 음식 포장지, 유아용 매트, 종이컵 등 다양한 생활용품의 코팅제로도 활용되었다. 여기까지는 괜찮았다. 듀폰이 발명한 테플론으로 생활이 편리해졌기 때문이다. 코팅 프라이팬 덕분에 기름을 많이 사용하지 않아도 음식을 쉽게 조리할 수 있게 되었고, 코팅된 포장지와 종이컵 덕분에 물에도 강하고, 불도 잘 안 붙고 내구성이 강한 제품을 사용할 수 있게 되었으니 당시로서는 일상생활 속 혁명이었다.

테플론이 독성 물질로 오해를 받게 된 것은 듀폰이 화학물질을 무단으로 방류했기 때문이다. 2016년 〈뉴욕 타임스〉는 테플론 합성 공정에서 테플론의 구조식이 무한대로 잘 늘어날 수 있도록 돕는 보조제인 PFOA Perfluorooctanoic acid의 독성 문제를 보도했다. PFOA가 바로 자연적으로 잘 분해되지 않아 자연계나 체내에 축적될 가능성이 높은 잔류성유기화합물(팝스)이었던 것이다. 〈뉴욕 타임스〉는 또한 이 물질이 동물실험에서 간 독성과 암을 유발한다는 것이 발견되었고, 인체 역학 연구에서는 갑상선 질병과의 관련성이 보고되었으며, 반감기가

3.8~5.4년으로 채내에 들어오면 독성 물질로 쌓일 수 있다는 것을 지적했다.

영화 〈다크 워터스〉는 듀폰의 폐기물 무단 방류 사건을 토대로 만든 영화다. 이 영화는 듀폰이 테플론을 합성하며 많은 물질을 무단 방류했고, 이때 많은 불소화합물이 자연에 유출되며 환경이 파괴되었다는 이야기를 하고 있다. 이 이야기가 나오기 전부터 불소는 무서운 물질로 유명세를 타고 있긴 했지만 이 영화를 계기로 불소가 또다시 뜨거운 감자로 등판했다.

영화는 듀폰 공장 주변 지역에서 190여 마리의 소가 사망하는 사건부터 시작된다. 그리고 그 배경에 듀폰이 테플론을 생산하면서 발생된 폐기물인 PFOA를 무단 방류하는 것이 모든 사건의 시작이란 내용이 나온다. 실제로 이 영화는 긴 법정 싸움을 통해 2005년부터 지역 주민 6만 9천여 명을 대상으로 혈액 샘플을 추출하여 조사한 결과, 중증 질병 여섯 종류와 PFOA와의 연관성을 찾아내 듀폰이 손해 배상을 한 사건을 다루고 있다. 당시 한국에도 이 사건이 보도되면서 테플론 프라이팬에 이용되는 이 물질이 위험하다는 탐사보도가 연이어 이어졌다.

테플론 프라이팬은 PFOA를 포함하고 있는 위험한 물건으로 낙인찍혔고, 사람들이 집에 있던 모든 코팅 프라이팬을 버리고 스테인리스 프라이팬으로 갈아타는 상황이 벌어졌다. 우리가 그동안 잘 사용한 모든 프라이팬이 순식간에 독성 물질로 전락하는 순간이었다. 문제는 우리가 걱정해야 하는 포인트가 빗나갔다는 것이다. 걱정의 초점이 잔류성 유기화합물인 PFOA가 아닌, 테플론 프라이팬에 맞춰진 것이다. 독성 물질은 테플론이 아니라 과불화합물에 해당하는 PFOA이다.

테플론은 왜 독성 물질이란 오해를 받았을까

앞의 내용을 이해하려면 테플론 공정을 먼저 알아둘 필요가 있다. '불소' 편에서 얘기한 것처럼 테플론 역시 이 불소라고 하는 원자가 포함된 화합물이다. 독성 물질로 알려진 PFOA도 불소가 포함되어 있다. 불소는 반응성이 매우 높은 할로겐족에 속하는 원자다. 불소에 대해 다시 정리해보면, 원자번호 9번 불소는 플루오린이라고 부르며 원소기호 할로겐족으로 태어난 덕에 원자 가장 끝에 있는 오비탈에 전자 7개를 가지고 있고, 8개의 전자를 채우기 위해 호시탐탐 기회를 노린다. 화학에서는 이런 원자들을 '반응성이 높다'고 한다.

반응성이 너무 높은 불소는 직접 실험이나 공정에서 사용하기 어렵다. 그래서 불소화합물을 만들어 사용하고 있다. 그래야 산업에서 불소를 이용해 필요한 물질을 만들 수 있기 때문이다. 기체 불소로 직접 불소화합물을 만들기도 하지만, 보통 산업에서는 불화수소산HF이라고 하는 강력한 산성 용액을 만들어 이용한다. 이 불화수소산은 강산이니 당연히 인체에 치명적이며 특이하게도 산화규소를 잘 녹이는 특징을 갖고 있는데, 이산화규소가 반도체나 유리의 성분이다 보니, 불산을 이용해 반도체나 유리를 식각(표면을 부식시켜서 모양을 성형함)하는 데 이용된다.

테플론에 대한 공포는 불소가 위험한 물질이라는 것에서 처음 시작된 듯하다. 사실 이것은 오해다. 테플론은 불소가 들어간 불소화합물이므로, 진짜 반응성이 높은 불소와는 완전히 다른 물질이기 때문이다.

화학에서는 화학식이 다르면 다른 물질로 규정한다. 우리가 위험하다고 규정하는 물질 불소F, 불산HF과 테플론은 완전히 화학식이 다르다.

테플론은 폴리테라플루우오로에틸렌Polytetrafluoroethylene, PTEE이라고 하는 고분자 물질이다. 그림 10처럼 화학구조가 아주 길게 붙어 있는 긴 사슬로, 이 물질을 처음 개발한 듀폰에서 테플론Teflon이라는 상품명으로 출시하여 흔히 테플론으로 불린다.

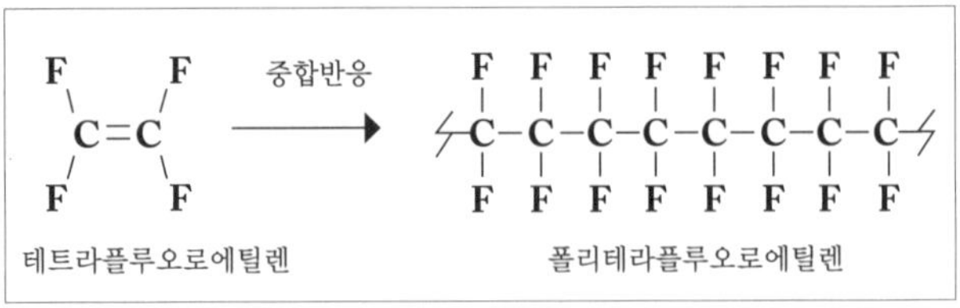

테트라플루오로에틸렌 —중합반응→ 폴리테라플루오로에틸렌

그림 10. 테플론 합성 반응

그렇다면 테플론과 과불화합물은 어떻게 다를까? 그림 11의 왼쪽이 바로 우리가 일반적으로 말하는 테플론의 구조식이고 오른쪽이 PFOA의 화학구조식이다. 보다시피, 두 개의 모양은 완전히 다르다. 테플론에는 탄소와 불소만 있는 반면, PFOA에는 탄소와 불소 이외에 카복실산COOH이 포함되어 있고, 무한대로 붙은 고분자인 테플론과는 달리, PFOA는 한 개의 분자로 이루어진 저분자에 속한다. 두 개의 물질의 종류가 다르다는 점이 중요한데, 그 이유는 고분자 물질을 만들고 나면 나머지 불순물을 씻어내는데, 이때 작은 유기 물질들이 제거되고 고분자만 남는다. 화학실험 단계에서는 이 과정을 세척 과정이라 한다. 세척 과정을 거치면 안전한 테플론만 남고, 위험한 PFOA가 제거된다는 뜻이다. 듀폰 사건의 본질은 이렇게 세척 과정에서 제거되고, 또 안전하게 처리되

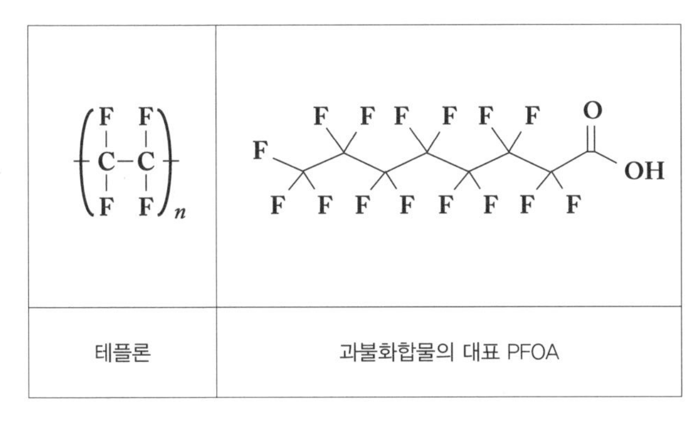

그림 11. 테플론과 과불화합물의 대표인 PFOA 구조식 비교

어야 하는 PFOA가 무단 방류되어 주변 환경을 오염시킨 것이다.

듀폰 사건 이후 PFOA는 전 세계적인 관심을 받게 되었고, 그로 인해 많은 과학자들은 PFOA가 어디서 검출되는지를 다각도로 조사했다. 만에 하나 테플론을 생산하는 공정에서 PFOA가 잔류한다면 분명히 위험하기 때문이다. 그리고 그 결과들이 속속 보도되면서, 사람들은 테플론을 두려워하게 되었다. 2017년 무렵 정말 많은 과학 데이터가 축적되어, 테플론 공정이 정상적으로 이루어져도 PFOA와 같은 물질이 잔류할 수 있다는 것이 확인되었다. 2015년 식약처에서 발표한 위해성 평가 자료를 보면 국내 제품에서 검출된 PFOA의 양은 우리의 예상보다 적어 안전한 수준이란 것이 확인되었으나. '테플론은 위험하다'는 인식이 이미 깊게 자리 잡은 뒤였다. 우리의 걱정으로 나타난 좋은 점은 이제 더 이상 PFOA를 사용하여 테플론을 생산하지 않게 되었다는 점이다.

게다가 이제 테플론을 프라이팬 코팅에 이용하는 경우, 코팅할 때 혹시라도 남아 있을지도 모를 불순물을 제거하기 위해 430℃의 높은 온도로 가열을 하는데, 이때 남은 불순물도 제거된다.

코팅 프라이팬 안심하고 쓰려면

과학적으로는 문제가 없는 것이 맞다. 그러나 사람들의 마음은 그렇지 않다. 불안감은 다시 또 커지고 커져, 코팅이 벗겨져서 음식에 섞이면 내가 그 코팅을 섭취하지 않을까, 라는 불안감을 키운다. 아무리 코팅 프라이팬이 안전하다고 이야기를 하더라도 과학적 사실이 모두를 안심시키진 못하는 것이 현실이다. 그렇다면 프라이팬을 안심하고 사용하는 방법은 무엇일까?

나는 코팅 프라이팬을 아주 좋아한다. 요리할 때 기름을 적게 쓸 수 있기 때문이다. 코팅 프라이팬이 안전하다는 것을 믿고 사용하고 있지만, 좀 더 안심하기 위해 몇 가지 규칙을 세웠다. 첫 번째로 모든 코팅 주방용품은 코팅에 스크래치가 나지 않도록 조리할 때 실리콘이나 나무 주걱 등을 사용한다. 한번 코팅이 벗겨지면 그 부분이 들떠서 코팅 전체에 영향을 미칠 수 있기 때문이다.

두 번째로는 내부 코팅이 벗겨지면 바로 버린다. 한 번 코팅이 벗겨지면 그 코팅이 벗겨진 틈 사이로 알루미늄 등의 금속 성분이 조리 과정에서 이온 형태로 물에 녹아 재료에 섞일 수 있기 때문이다. 2019년 식약처 발표에 따르면, 코팅이 벗겨지고 마모가 진행된 프라이팬에서 중금속이 거의 검출되지 않았지만, 알루미늄과 같은 금속 성분은 미량이어도 이온 형태로 재료 속 수분에 녹아 나올 수 있다는 가능성이 있다고 한다.

마지막으로 뜨거운 프라이팬을 바로 찬물에 담그지 않는다. 프라이팬을 뜨거운 상태에서 찬물에 담그면 금속이 열에 의해 팽창되었다가 다시 수축하면서 코팅이 들뜨는 현상이 생기기도 하고, 무쇠 팬의 경우 급냉각으로 인해 금속이 쪼개질 수 있기 때문이다. 되도록 코팅된 주방용품은 모두 식은 뒤에 설거지를 하는 것을 추천한다. 프라이팬을 씻을 때 철 수세미를 쓰지 않는 것도 중요하다.

과학의 발전 그리고 정보 기술의 발전으로 우리는 많은 이야기를 언론을 통해 듣게 된다. 화학물질이 무섭다는 이야기가 대부분이다. 화학물질 중엔 분명 위험한 것이 있다. 그리고 질타를 받아야 하는 일도 있다. 무단 방류는 특히나 더 크게 질타를 받아야 하는 일이다. 그러나 어떤 공정 과정에서 위험한 것이 나왔으니 그 과정을 거쳐 만들어지는 모든 것이 다 퇴출되어야 한다는 주장은 너무 극단적이라고 생각한다. 한발 물러나, 한 번 더 생각하고, 위험한 것과 위험하지 않은 것 그리고 어떻게 해야 위험하지 않을 수 있는지를 고민해야 하지 않을까?

생분해 플라스틱:
썩는 것과 썩지 않는 것

어쩌다 벤처를 운영하고 있다. 피부질환 치료제와 기능성 화장품 소재를 개발하는 회사로, 가려움증에 특화된 화장품을 만들어 판매하고 있다. 제품을 개발하는 과정에서 가장 고민했던 지점이 있었다. 바로 화장품을 담고, 포장하고, 판매하면서 나오는 수많은 쓰레기였다. 환경운동가는 아니지만, 직접 제작을 하면서 마주한 포장재들은 정말 답답할 정도로 많았다.

최근 여러 환경 단체들을 통해, 화장품 용기가 실제 재활용이 어렵다는 사실이 대두되었다. 나 역시 화장품 용기에 대해 깊게 고민하던 중이었다. 화장품 용기는 무색 플라스틱보단 유색 플라스틱병을 주로 사용하곤 한다.

혹시라도 모를 빛에 의한 변질을 막기 위해서이다. 재활용이 용이한 재질인 PET보다 단단한 플라스틱을 선호하고 이중병을 사용하는 이유도 압력 차이로 인해 화장품이 새는 것을 막기 위해서다.

압력에도 강하고 온도에도 강하고 빛에도 강한 병들은 안타깝게도 재활용이 어렵다. 압력에도 강하고 온도에도 강하고 빛에도 강해야 하니, 한 가지 재질의 플라스틱만을 사용하지 않게 되고, 플라스틱이 아닌 아크릴 제품이나 대부분 유색 제품을 사용하게 되기 때문이다.

나 역시 이런 부분에 고민이 많아, 파손의 위험은 있으나, 그나마 재활용이 가능한 범주에 속한다고 하는 유리 재질을 사용했다. 그러나 색유리는 재활용이 어렵기 때문에 결국 새로운 길을 개척해야 했다.

고민 끝에 선택한 것이 생분해 플라스틱이었다. 처음 생분해 플라스틱을 접한 곳은 다름 아닌 약국이었다. 약국에서 약을 구매하고 받은 비닐봉지에 크게 '생분해 플라스틱'이라는 단어가 적혀 있었는데, 생분해 비닐이니 재활용으로 분류하지 말고 꼭 일반 쓰레기에 버리라고 되어 있었다. 이때 처음 생분해 플라스틱, 생분해 비닐을 접하게 되었고, 그 이후로 생분해 제품이 어디까지 만들어지는지를 찾아보게 되었다.

비닐봉지와 플라스틱, 축복이 재앙이 되기까지

비닐봉지는 원래 환경보호를 위해 탄생했다. 1959년 스웨덴의 과학자 스텐 구스타프 툴린Sten Gustaf Thulin은 종이봉투를 사용하는 사람들로 인해 사라져가는 나무가 안타까워 비닐봉지를 개발했다. 가볍고, 질기고, 물에 젖지 않아 지속적으로 사용 가능한 봉투를 개발한 셈인데, 아이러니하게도 사람들은 개발자의 의도를 곡해하고 이 비닐봉지를 일회용으로 사용하고 있다. 이렇게 사용량이 급증해 버려진 비닐은 환경오염의 주범이 되었고, 오래 쓰라고 만든 덕에 썩지 않는 문제까지 발생하자 전 세계적으로 비닐을 줄이기 위한 운동이 벌어졌다.

1800년대에 개발된 플라스틱은 당시 인류에게는 축복과도 같은 제품이었다고 한다. 가볍고 내구성이 좋기에 지금까지도 다양한 제품에 응용된다. 특히나 다양한 형태로 만들기 쉽다는 장점 덕에 우리의 생활 깊숙이 자리 잡았다. 그러나 인류의 축복인 줄 알았던 플라스틱은 지금은 재앙이라 불리고 있다. 물질이 생산되고 자연으로 돌아가 소멸되어 다시 새로운 탄생을 만들며 지구를 지탱하는 탄소의 순환과는 달리, 탄소에서 유래된 물질이지만 자연으로 돌아가 소멸이 되지 않기 때문이다.

모두가 알고 있듯이, 플라스틱은 땅에 묻어도 종이나

나무 같은 다른 탄소 물질처럼 생분해되어 자연의 일부인 탄소로 돌아가지 못한다. 태워서 이산화탄소라는 기체 형태의 탄소 물질로 만들고 싶어도, 이산화탄소만 만드는 것이 아니라 다이옥신과 같은 발암 물질도 발생시키기 때문에 쉽게 태울 수도 없다. 매립이 불가하기 때문에 자연스럽게 플라스틱은 수거하여 녹인 뒤 다시 플라스틱으로 재생산하는 방식을 추구하고 있다. 그리고 이제 기술의 발전으로 완전한 소각이 가능해졌다. 과거와 달리 유독 물질을 걸러주는 필터나 공기 정화 설비가 발전했고, 소각을 통해 유독 물질을 모두 연소시키는 온도도 알게 되었으며, 이를 통해 에너지를 재생산하는 기술이 개발되었기 때문이다. 그럼에도 불구하고 되도록 플라스틱을 재활용하려고 하는 이유는, 아무리 유독 물질이 적어져도 이것이 이산화탄소를 증가시키는 데 일조하고 있기 때문이다.

이러한 대안으로 탄생한 것이 바로 흔히 들어본 바이오 플라스틱이다. 소각도 어렵고, 동일한 플라스틱 소재를 골라 재활용을 하기에 자원이 부족한 현실을 생각할 때, 차라리 묻어서 자연으로 돌려보내자는 생각에서 비롯되었다. 최근 여기저기 바이오 플라스틱 혹은 썩는 플라스틱이라는 광고를 하는 제품들이 나오는 추세다. 여러 용어가 혼재하는 상황인데, 바이오 플라스틱이란 것도 나오고, 생분해 플라스틱이란 것도 있어서 헷갈린다. 과거에는 그냥 바이오 플라스틱 한 가지로 표현하였으나, 지금은 생분해 플라스틱과 식물 플라스틱(바이오 베이스 플라스틱)이라는 용어를 사용하고 있다. 식물 플라스틱이란 식물 유래 자원인 바이오메스를 원료로 고분자와 합성하여 만들어진 플라스틱으로 대략 식물자원이 25%는 포함되어야 식물 플라스틱으로 부른다.

생분해성 플라스틱은 미생물에 의해 분해될 수 있는 플라스틱을 말한다. 흔히 썩는 플라스틱을 지칭한다. 반면, 식물 플라스틱은 화석원료가 아닌 식물을 원료로 만든 플라스틱 모두를 포함한다. 두 가지 모두 비슷한 거 아닌가? 하고 생각할 수 있다. 식물에서 뽑은 원료로 만들면 당연히 잘 썩지 않을까 하는 생각이 들기 때문이다.

안타깝게도 그렇지 않다. 식물 플라스틱은 안타깝게도 '생분해'가 되지 않는다. 그나마 다행인 점은, 재활용을 할 수 있다는 점이다. 이것이 가능한 이유는 현재 사용량이 가장 많은 일반 플라스틱과 같은 물리적·화학적 성질을 가지고 있기 때문이다. 쉽게 표현하자면 염전에서 바닷물을 말려 얻은 소금이나 히말라야산맥에서 캐낸 소금이나 똑같이 물에 녹는 것처럼, 원료가 달라도 동일한 성질을 가진 플라스틱은 녹이거나 분쇄하는 방법이 같기 때문에 혼합 재활용이 가능하다는 말이다. 그러한 이유로 2022년 1월부터는 재활용 가능한 바이오 플라스틱[6]이라는 것을 표기하여 재활용률을 높이려 하고 있다.

재생 가능한 원료로 만들었다는 의미가 곧 반드시 다 썩는다는 의미는 아니기 때문이다. 시중에서 쉽게 접할 수 있는 바이오 플라스틱에는 어린이가 있는 집에서 자주 사용하는 옥수수 전분으로 만들었다는 플라스틱 용기류가 있다.

바이오 플라스틱은 대안이 될 수 있을까

이런 바이오 플라스틱은 플라스틱 프리를 위한 완벽한 대안이 될 수 있을까? 꼭 그렇지는 않다. 먼저 현재 기술로 만들어진 바이오 플라스틱은 아주 완벽하게 플라스틱을 대체할 수 없다. 화장품의 경우 고온과 저온을 넘나드는 각국의 날씨와 컨테이너 등에 실리는 상황에서 온도 변화에 절대로 영향을 받아서는 안 된다. 당연히 제품을 지켜야 하는 용기 역시 온도의 영향을 받으면 안 된다. 그래서 화장품 용기는 열과 화학약품에 강한 튼튼한 플라스틱을 사용한다. 이러한 조건에는 생분해성 플라스틱보다는 일반 식물 플라스틱이 그나마 더 적합하다. 생분해성 플라스틱은 일반 플라스틱보다는 낮은 온도에서 제작하는 경우가 많아 온도 변화에 얼마나 강할지 아직 입증되지 않았기 때문이다. 그러나 식물 플라스틱 또한 화장품과 같은 화학물질을 오래 담고 있어도 문제가 되지 않을지 아직 명확하지 않다. 바이오 플라스틱의 강도와 물성에 대해 더 연구가 필요한 실정이다.

또 문제가 있다. 생분해 플라스틱을 매립했을 때 어떤 조건의 환경에서 가장 잘 분해가 되는지 아직 명확히 밝혀지지 않았다. 현재 시중에 나온 생분해 플라스틱의 생분해 온도와 썩는 조건이 연구팀마다 제각각으로, 아직 통일된 기준이 없다. 따라서 생분해 플라스틱 물질이 시중에 판매된 뒤 어떤 환경에서 매립 후 분해되는지가 정확하지 않기 때문에, 그냥 쓰레기 처리장에 보내서 처리한다면 매립 후 썩지 않을 수도 있다. 특정한 조건을 맞추지 못해서 말이다. 우리나라의 쓰레기 처리 과정은 대부분 소각을 중심으로 설계되어 있다. 따라서 생분해 플라스틱이 소각되었을 때 지금 플라스틱 소각보다 얼마나 장점이 더 큰지에 대한 추가 연구도 필요해 보인다. 가령, 바이오 플라스틱을 소각할 때가 일반 플라스틱 소각할 때보다 기후 위기의 주범인 이산화탄소 배출량이 현저히 줄어든다 같은 장점 말이다.

더 큰 문제는 현재 우리나라에서는 생분해 플라스틱류를 별도로 수거하지 않는다는 것이다. 그래서 많은 생분해 플라스틱이 일반 플라스틱 재활용에 같이 들어가는 경우가 흔하다. 이렇게 섞일 경우 재활용 가능한 플라스틱의 재활용률을 떨어뜨리기 때문에 절대 같이 배출해서는 안 된다. 우리가 일상생활에서 볼 수 있는 생분해 플라스틱은 보통 비닐류가 있고 최근엔 다양한 일회용 컵, 빨대, 일회용 도시락 그릇, 혹은 아이들 완구다. 보통 생분해 혹은 바이오 플라스틱이란 것이 명시되어 있으므로 이런 제품을 버릴 때는 재활용에 섞지 않도록 주의해야 한다.

앞서 살펴보았듯 생분해 플라스틱은 더 연구가 필요하다. 어찌 되었건 썩는 플라스틱이 나오지 않으면 우리가 플라스틱 지옥에서 벗어날 길이 없을 것이기 때문이다. 그럼 우리는 무엇을 할 수 있을까?

가장 좋은 것은, 비닐이건, 플라스틱이건 재활용을 잘 해야 한다는 점이다. 재활용이 가능한 플라스틱을 버릴 때는 세척이 기본이다. 세척되지 않은 제품은 재활용이 되지 않기 때문이다. 또한 생분해성 플라스틱이나 비닐은 절대로 재활용에 섞으면 안 된다. 반드시 일반 쓰레기로 배출해야 소각할 수 있다. 물론 언젠가 시간이 더 지나면 생분해 플라스틱도 따로 분류해서 버리게 되겠지만, 아직은 아니니 우리가 좀 더 신경을 쓰는 수밖에 없다. 특히 치약, 선크림, 케첩 중에서 짜서 쓰는 튜브 제품들의 경우, 잘 씻어서 버려도 크기가 작으면 선별 작업이 어려우므로 이 점을 감안해서 처음 물건을 구매할 때, 재활용이 쉬운 제품류로 선택하는 것이 더 바람직할 수도 있다.

시장에서 되도록 비닐을 받지 않고, 비닐을 받았다면 그 비닐을 장바구니 대체로 여러 번 재사용하는 방법, 투명 PET와 색이 있는 PET를 따로 분리해서 버리는 작업 등 조금 번거롭지만 이런 일들을 반복하다 보면, 언젠가 바이오 플라스틱이 지금의 플라스틱을 대체할 수 있는 완벽한 대안이 되도록 연구할 시간을 벌 수 있을 것이다. 우리의 작은 실천이, 우리 아이들에게 바이오 플라스틱이라는 새로운 대안을 선물하길 바란다.

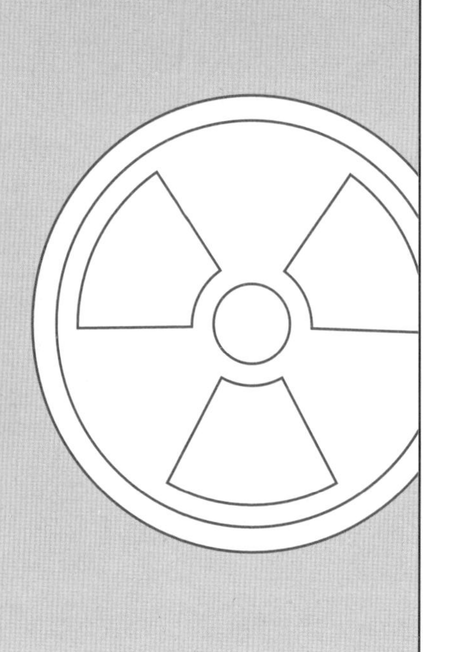

3부

쓸모 있는 화학

천연물: 무조건적인 믿음은 왜 위험한가

생활용품을 사기 위해 돌아다니다 보면 유난히 '천연'을 강조하는 문구가 보인다. "자연에서 온", "천연 100%", "천연 유래", "천연이라 안전해요"라는 문구도 보인다. 혹은 안전하단 말을 직접적으로 하지 않았으나, "위험한 화학 성분 대신 천연 성분을 담았습니다"라는 문구에서, 이미 안전하다는 뉘앙스를 팍팍 풍기고 있을 때가 있다. 이런 문구를 본다면, 어떤 제품을 구매하겠는가? 아마도 대부분 사람들은 자연에서 온, 또는 천연 유래와 같은 표현이 들어간 제품을 선택할 것이다. 일단 자연이라는 것이 주는 안전감을 뿌리치긴 어렵기 때문이다.

나는 이런 문구를 배제하고 적당히 향이 괜찮고, 사회

적 물의를 일으키지 않은 기업이 생산한 제품 중 환경부에서 고지한 친환경 마크가 있으면 구매를 하는 편이다. 환경부 인증 마크는 동일한 다른 제품들과 비교했을 때, 제품 생산 전 과정에서 에너지 및 자원 소비를 줄이고 오염 물질의 발생을 최소화했다는 의미이기 때문이다. 물론, 기본적으로 제품을 뒤집어 화학물질의 등록 및 평가에 대한 안전 기준 적합 제품인지도 확인한다.

그러나 이런 마크가 없이 단순히 '천연'이란 단어가 붙은 제품은 신뢰하지 않는다. 천연은 안전성을 담보하는 단어가 절대로 될 수 없기 때문이다.

대개 세제류, 세정제류, 화장품류를 홍보할 때 '천연'이란 단어를 전면으로 내세운다. 최근 생리대 독성 문제가 논란이 된 후로는 자연 유래 성분만 사용한다는 생리대도 눈에 띈다. 그렇다면 자연에서 온 성분은 모두 안전할까? 나는 자연에서 온 성분이 모두 안전할 것이라는 무조건적인 믿음은 위험하다고 생각한다. 모든 자연 물질이 반드시 인간에게 이로운 것은 아니기 때문이다.

천연 물질도 위험할 수 있다

인간은 오랜 세월 살아오며 어떤 식물이나 광물을 언제 사용하면 되는지에 대한 지식을 경험적으로 익혔다. 동서양을 막론하고 이 지식은 켜켜이 쌓여서, 특정 식물과 광물은 약으로 사용되었다. 천연물은 일반인들이 다루기는 어려웠다. 잘못 먹으면 사망하거나, 질병을 치료하려고 먹었다가 오히려 상태가 더 악화되는 경우가 허다했기 때문이다. 또는 식물이 자란 주변 환경이 어떤지, 또 성장 과정에서 얼마나 많은 영양분이 축적되었는지에 따라 같은 식물이더라도 그 효과가 다른 경우도 있었다. 어떤 때에는 약이 되고 어떤 때에는 독이 되기도 했던 것이다.

가장 대표적인 예가 바로 '아편'이다. 아편은 대표적인 천연물 의약품으로, 진통제 또는 일종의 만병통치약으로 오랫동안 사랑받았다. 집집마다 비상약으로 양귀비를 길렀을 정도라니 양귀비에 대한 전 세계적인 믿음은 엄청났던 것으로 추정된다. 이 양귀비는 1800년대가 되어서야 의약품 원료로 사용되기 시작했다.

아편은 양귀비의 꽃이 떨어지고 생긴 씨방에서 나오는 끈적끈적한 흰색 액체다. 이 아편즙은 기원전 300년경 수메르인의 기록에서 확인이 가능할 정도로 그 역사가 아주 길다. 과거 사람들은 아편즙을 짜서 말린 후 긁어내 가루를 만들어서 약으로 사용했다고 한다. 이러한 식물의 즙(액체)은 여러 종류의 성분으로 구성되어 있으며 각 성분은 식물의 생장에 관여한다. 우리가 식물을 채취해 달이면, 물에 녹을 수 있는 식물 성분을 얻을 수 있고, 직접 즙을 내면 식물에 들어 있는 화합물을 전부 즙의 형태로 얻을 수 있다. 다시 말해 자연에서 오는 천연물이라 함은, 양귀비의 즙인 아편처럼, 독 혹은 약이 되는 혼합물인 셈이다. 한편 양귀비의 씨인 '파피씨드'는 마약 성분이 없어 빵 재료로 쓰이기도 한다.

1905년, 독일의 약사였던 프리드리히 제르튀르너Friedrich Wilhelm Adam Sertürner는 아편즙에서 처음으로 모르핀이란 단일 성분을 분리했다. 그리고 이것이 아편의 유효 성분이라는 것을 알게 되고, 이 물질을 약으로 사용했다. 이후 1925년 영국의 화학자 로버트 로빈슨Robert Robinson이 모르핀 구조를 분석하면서 천연물 추출물에 대한 연구도 탄력을 받았다. 모르핀과 같이 천연물에서 추출되어 확인된 화합물 중, 염기로 질소 원자를 가지는 화합물 모두를 알칼로이드로 분류했다. 아편 말고도 과거부터 현대까지 사용되는 알칼로이드는 다양하다. 특히 과학의 힘으로 명확한 구조와 확실한 효능이 밝혀진 물질 중에는, 커피의 주성분 카페인, 주목나무의 성분이자 항암제로 사용되는 탁솔, 또 말라리아 치료제로 이용되는 퀴닌 등이 있다.

자연에서 온 알칼로이드의 효능은 천차만별이다. 일단

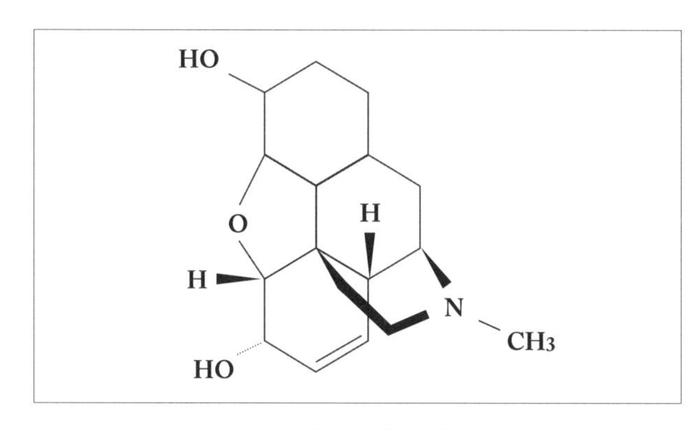

그림 12. 모르핀 구조식

대부분 독극물에 해당되는 경우가 많은데, 아편처럼 위험할 수도 있고, 카페인처럼 식품으로 섭취 시 큰 영향이 없을 수도 있다. 모든 천연물이 안전하다는 생각을 버려야 하는 이유가 바로 이것이다. 모든 천연물이 인간에게 이롭지 않기 때문이다.

이로운 천연물이 항생제가 되기까지

천연물 중 정말 이로운 것도 있다. 천연물에서 유래되어 전 인류를 구한 약이 되는 경우도 있었기 때문이다. 천연물 의약품을 연구하는 이들에게는 역사적으로 큰 의미를 갖는 이 약물의 이름은 페니실린이다.

1928년 영국의 미생물학자 알렉산더 플레밍이 푸른곰팡이에서 발견한 천연 물질인 페니실린은 세계 최초의 항생물질로, 많은 이들을 세균 감염에서 구했다. 제1차 세계 대전 당시 전쟁에서 사망한 군인의 수보다 총 혹은 칼에 상처가 난 뒤, 세균 감염에 의해 사망하는 군인의 수가 더 많다고 할 정도로 세균은 인간에게 치명적이었다. 당시 야전병원에 근무하던 플레밍은 소독제 사용에도 불구하고 세균이 상처 안에 존재하고 이로 인해 많은 병사들이 사망한다는 점에 관심을 가졌고, 이에 대한 연구를 했다. 물론 당시에는 관심을 끌지 못했으나 플레밍은 연구를 지속했고, 포도상구균과 관련된 실험을 1928년부터 진행했다고 한다. 어느 날 휴가를 다녀온 플레밍은 실험실 구석에 포도상구균이 배양된 페트리 접시를 쌓아둔 곳에서 우연히 곰팡이 포자에 오염된 부분의 세균이 죽은 것을 보고, 이를 분리하여 최초의 항생물질인 페니실린을 발견했다.

병원에서 처방받는 어린이용 항생제 물약 중 냉장 보관하는 약이 있을 것이다. 바로 이 페니실린 계열의 항생제는 불안정한 사각형 고리(탄소 3개와 질소 1개)를 가지고 있기 때문에, 냉장 보관을 해야 한다. 화학에서 말하는 불안정한 상태란, 언제든지 화학결합이 끊어질 수 있는 상태이다. 페니실린의 경우, 분자의 원자간 결합 각도가 맞지 않아 에너지적으로 불안정한 사각형 고리가 포함되어 있다. 그래서 이 불안정한 에너지 상태를 안정화시키기 위해 온도를 낮춰준다. 낮은 온도에서는 분자간 운동이 줄어들면서, 불편한 결합각을 다시 수정하려고 결합을 깨지 않기 때문인데, 그 방법이 바로 냉장 보관인 것이다.

사실 페니실린은 이런 불안정한 구조를 가지고 있었기 때문에 플레밍이 발견한 이후 상용화까지 오랜 시간이 걸렸다고 한다. 푸른곰팡이로부터 페니실린을 분리해내기가 어려웠던 것이다. 사실 모든 푸른곰팡이가 페니실린을 만드는 것이 아니다. 푸른곰팡이 역시 그 안에 다양한 이름을 가진 곰팡이 종류들이 있는데, 그중 페니실리움 노타툼이라는 특정 곰팡이가 페니실린의 원재료이다. 페니실린이란 이름은 바로 페니실리움에서 따왔다.

곰팡이가 만들어내는 어떤 대사체를 약으로 사용하기 위해서는, 일단 곰팡이는 없어야 한다. 인간에게 이로운 물질은 곰팡이가 아니기 때문이다. 그래서 플레밍은 오랜 연구를 통해 이 페니실린만 곰팡이에서 분리하고 싶어 했다. 그러나 안타깝게도 실패했고, 플레밍의 연구는 학술적인 가치만 인정받을 수 있었다.

플레밍이 실패했던 페니실린 연구에 다시 불을 지핀

사람은 오스트리아 병리학자 하워드 플로리Howard Walter Florey와 독일의 생화학자인 에른스트 체인Ernst Boris Chain이다. 이들은 플레밍의 논문을 바탕으로 연구를 진행해서 페니실린을 분리하는 데 성공했다. 이후 미국 농업연구소의 도움으로 곰팡이에서 페니실린을 대량 추출하는 방법이 개발되었고, 생산량이 증가하며 결국 현재의 항생제로 만들어졌다.

그즈음 마침 미국은 제2차 세계대전에 참전 중이었다. 그리고 전쟁터에서는 이 항생제가 필요한 수만의 군인들이 있었다. 문제는 미생물로부터 페니실린을 분리하다 보니 생기는 곰팡이 양에 따라 생산되는 양이 들쭉날쭉해서 약이 부족했다는 사실이다. 그때 대량생산 연구에 뛰어든 회사가 있었다. 레몬에서 구연산을 추출하여 식품 첨가제로 생산하던 식품회사 화이자였다. 화이자는 당시 전쟁으로 인해 레몬 수급이 어려워지자 설탕을 발효시켜 구연산을 생산하는 발효 방법을 개발했는데, 이 방법으로 페니실린 대량생산에 도전장을 내민 것이었다. 그리고 이 무모한 도전은 성공했다. 화이자는 노르망디 상륙작전에 사용된 대부분의 페니실린을 공급할 수 있었고, 이 도전 덕에 지금과 같은 제약회사로 성장할 수 있었다.

실험실에서 우연히 발견한 과학적 사실이 누군가에 의해 눈에 보이는 결과물이 된 셈이다. 결국 페니실린 연구를 포기하지 않았던 이들에 의해 플레밍의 미완성 연구가 빛을 발했고 무모한 도전을 성공시킨 누군가의 도전이 지금의 항생제 시대를 열어젖혔다.

천연물은 이처럼 이롭기도 하고 해롭기도 하다. 그렇기 때문에 천연물이든 합성물질이든 오로지 물질이 가지고 있는 고유의 화학구조와 그로 인해 발생되는 고유의 특성을 바탕으로 실제 생명체에게 어떤 영향을 미치는지 다각도로 고민해야 한다. 그리고 그 영향에 대한 정보를 '카더라' 통신 말고 MSDS와 같이 과학적 근거를 바탕으로 한 자료를 기준으로 파악하는 것이 좋다.

다양한 산업에서 사용되는 천연 유래, 식물 유래란 표현은 대개 원료의 기원을 의미하는 경우가 많다. 가장 많이 사용되는 표현 중 "천연물 추출물"은 자연에 존재하는 특정 식물을 여러 화학실험(열수추출, 용매추출, 임계추출 등)을 거쳐 추출한 물질을 의미하며, 쉽게 말해 한약재를 넣고 달여서 나오는 탕약을 엑기스로 만든 것과 유사하다고 볼 수 있다. 그러니 이 엑기스가 제품에 조금 들어간다고 해서 엄청나게 높은 효과가 나오길 기대하긴 어려우므로, 제품을 고를 때 효과가 좋은 것 위주로 선택하는 편이 좋다. 용도별 필요한 유효 성분(세제 성분, 영양제 성분 등)이 적절하게 있는지 확인하면 제품을 고를 때 고민을 덜 수 있다.

계면활성제:
같고도 다른 천연과 합성의 세계

대학교 교양 수업을 할 때 매번 물어보는 질문이 있다.

"천연 비타민과 합성 비타민은 같을까요? 다를까요?"

그리고 같은 맥락으로 이런 질문도 던지곤 한다.

"천연 계면활성제랑 합성 계면활성제는 무슨 차이가 있을까요?

화학에서 보는 모든 물질은 주기율표에 있는 원자들과 그들의 연결로 만들어진 분자구조를 가지고 있다. 외관이 무엇이건, 또 어디에 존재하건 일반적으로 화학에서는 분자구조가 같으면 같은 물질이라고 이야기한다.

첫 번째 질문의 정답은 "천연 비타민과 합성 비타민은 같다"이다. 대표적으로 비타민 C를 생각해보자. 비타민

C는 L-아스코르브산이라고 부르며, 락톤 구조를 가지고 있다. 그림 13과 같은 구조를 가진 이 물질은 합성이건 천연이건 동일한 화학 구조를 갖는다.

동일한 화학구조를 갖는다는 것은, 우리 몸에 들어왔을 때 장기들이 동일 물질로 인식한다는 뜻이다. 음식이건 의약품이건 모든 물질은 우리 몸에 들어오면 흡수되고, 간에서 대사라는 과정을 거친다. 대사는 우리가 섭취한 음식물을 생체 내에서 이용하기 편한 형태로, 다양한 화학반응을 통해 변화시키는 과정을 말한다. 바로 음식물의 분해를 담당하는 기관인 셈이다. 마치 식재료를 소분해서 냉동보관하듯 말이다.

탄수화물이 분해되는 과정이 대표적인 예시다. 몸속에 들어온 탄수화물은 소화기관을 거쳐 포도당으로 분해된다. 이 포도당은 우리 몸 세포가 가장 좋아하는 에너지원으로 포도당이 부족하면 세포가 일을 할 수 없기 때문에 부족하지 않도록 늘 생체 내에 저장해야 한다. 그런데 포도당 자체를 몸속에서 저장하기는 어렵다. 포도당이 생체 내 과도하게 늘어나면 생체 체액, 즉 혈액의 농도가 변화하면서 삼투압이 발생하여 세포가 터지는 비극이 발생할 수 있기 때문이다. 그래서 간에서는 포도당을 글리코겐이라는 형태로 만들어서 몸속에 저장한다. 그리고

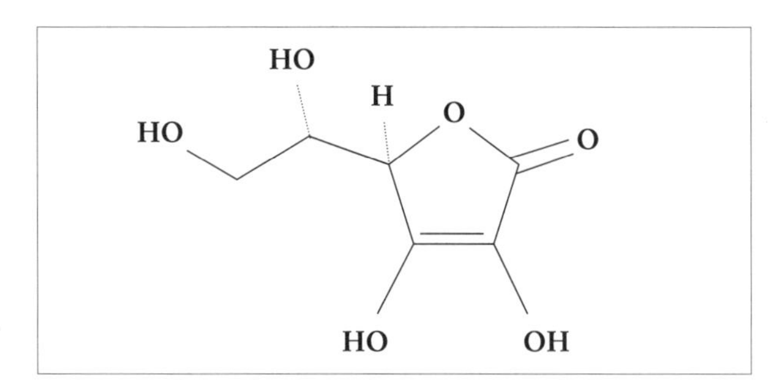

그림 13. 아스코르브산 구조식

필요에 따라 글리코겐을 다시 포도당으로 전환하여 이용한다.

또 다른 예로는 숙취가 있다. 술을 먹은 뒤 다음날 머리가 깨질 것처럼 아픈 경험을 한 적이 있는가? 이 현상은 술이 체내에 들어와 간에서 분해가 되는 과정에서 발생된 아세트알데하이드 때문이다. 아세트알데하이드도 우리 몸에는 좋은 물질이 아니기 때문에, 간은 한 번 더 일을 해서 아세트알데하이드를 아세트산으로 전환시킨다(아세트산은 식초의 주성분이다). 아세트산은 체내에서 쉽게 이산화탄소와 물로 전환되어 몸 밖으로 배출된다. 이렇게 간은 몸에 들어온 다양한 화학물질을 화학반응을 통해 우리 몸에서 사용하기 편리하게 변형시키거나 혹은 독성을 제거한다. 이때 간은 우리 몸에 들어온 물질을 분해할 때 구조식을 보고 분해한다. 막걸리를 먹었건, 와인을 먹었건, 소주를 먹었건 아무튼 우리 몸에 들어온 술, 에탄올이라면 이를 분해하는 과정이 동일하다. 이는 비타민도 마찬가지다. 합성이건 천연이건 관계없이 간은 아스코르브산이라는 화학물질 하나만 인식한다. 즉, 아스코르브산이라는 구조가 있다면 합성이건 천연이건 모두 같은 물질인 것이다. 영양제로 먹건, 과일로 먹건 우리는 같은 비타민을 먹는 것이다.

물과도 친하고 기름과도 친한 계면활성제

두 번째 질문에 답하자면, 천연 계면활성제와 합성 계면활성제는 사실 기능과 용도에 있어 큰 차이가 없다.

계면활성제란 물과 친한 성질(친수성)과 기름과 친한 성질(소수성)을 모두 가지고 있는 화합물을 지칭한다. 두 성질을 모두 가지고 있는 덕에 계면활성제는 양쪽의 물질과 결합이 가능하다. 이 물질의 가장 대표적인 특징은 절대로 섞이지 않을 것 같은 두 성질의 물질을 섞이게 하는 것이다. 그렇다면 계면활성제는 어떻게 세정제로 사용되는 것일까?

사람의 몸은 물에 녹지 않는 소수성 화합물에 해당된

다. 만약 우리가 친수성 성질을 갖고 있다면, 비가 오거나 습기가 많은 날에 피부가 물에 녹아 흐물흐물해질지도 모른다. 그러나 다행히 우리가 가진 소수성 피부는 물방울을 튕겨낼 수 있고, 물에 닿아도 녹지 않는다. 피부가 소수성이니 당연히 피부를 싸고 있는 각질 혹은 피지들도 기름기가 있는 소수성 화합물이다. 이런 물질은 누적되어 때가 되기도 한다. 또한 피부가 가장 바깥에 있는 표면이므로 다양한 세균들과 자주 만나게 된다. 이때, 피부 표면에 쌓인 유기물(때)은 세균의 좋은 먹잇감이다. 씻지 않고 표면에 유기물이 가득한데, 심지어 땀 등의 분비물로 인해 습기까지 높다면, 세균에게 완벽한 스위트룸을 제공하는 것과 다름이 없기 때문이다.

그러한 이유로 인간은 자주 씻어야 한다. 그리고 이때 계면활성제가 꼭 필요하다. 물로는 절대 세균이 충분히 씻기지 않는다. 피부를 보호하기 위해 피부 표면을 각질, 땀, 피지 등 다양한 소수성 물질이 덮고 있다. 그리고 여기에 동일한 소수성 물질인 세균의 사체도 있을 수 있다. 이러한 소수성 물질은 친수성인 물에 씻겨 나가지 못한다. 거기엔 나름 이유가 있다.

학번을 막론하고, 대부분 화학을 공부한 사람들이 귀에 못이 박히게 교수님들께 듣는 사자성어가 하나 있다.

바로 유유상종이다. 화학물질이 마음대로 막 섞일 것 같지만, 나름의 규칙에 따라 섞이는데 특히 같은 성질을 가진 물질끼리만 섞인다. 즉, 물은 물끼리 기름은 기름끼리만 어울린다.

이러한 이유로 친수성 물질은 친수성끼리, 소수성 물질은 소수성끼리 어울리는 것을 좋아한다. 그런데 이렇게 물질이 따로 놀면 문제가 또 발생하게 된다. 피부 표면에 있는 소수성 물질이 물에 씻기지 않는다는 문제 말이다. 기름이 물에 둥둥 뜨는 것처럼 물로는 깨끗하게 피지나 세균 등을 제거하기가 어렵다. 이때 계면활성제가 등장하면, 물과 기름은 섞일 수 있게 된다.

계면활성제의 머리 부분은 물과 친한 친수성 구조이고, 꼬리는 기름과 친한 소수성 구조다. 이런 구조 덕분에 계면활성제는 물과도 친하고 기름과도 친하다. 이 계면활성제는 우리가 알고 있는 비누 혹은 세정제 혹은 세제의 거품을 만들어내는 장본인이다. 계면활성제가 물에 녹으면, 물과 친한 친수성 머리가 물 쪽에 들어가고 공기 쪽으로는 물과 친하지 않은 소수성 꼬리가 향하게 되는데, 이때 공기와 접촉한 소수성 꼬리가 우리 눈에 하얀 거품의 형태로 보이는 것이다.

반면, 피부 표면에 이 거품들이 닿게 되면, 공기 중에

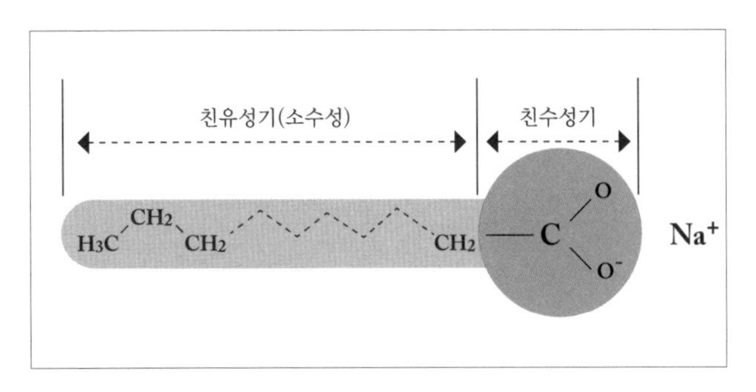

그림 14. 친수성 머리와 소수성 꼬리를 달고 있는 계면활성제 구조

갈 곳을 잃어 헤매던 소수성 꼬리는 친구를 만날 수 있게 된다. 표면에 붙어 있는 소수성 물질들(피지, 각질, 세균 등)과 만나 반가움을 금치 못하고 이 물질들을 둘러싸고 포위한다. 이것을 화학에서는 마이셀micelle이라고 한다.

이렇게 꼬리는 소수성 물질을 감싸고, 친수성 머리가 밖을 향하게 되면 얼결에 소수성 물질은 물과 친해질 수 있는 새로운 옷을 입게 되는데, 이때 우리가 물로 헹구기 시작하면 이 친수성 머리들은 그대로 물에 섞여 흘러가고, 이때 각종 소수성 물질 역시 얼결에 계면활성제에게 이끌려 사라지게 되는 것이다.

계면활성제의 화학적 특성은 세정에만 쓰이지 않는다. 우리 세포는 형질막이라고 하는 인지질 이중층의 얇은

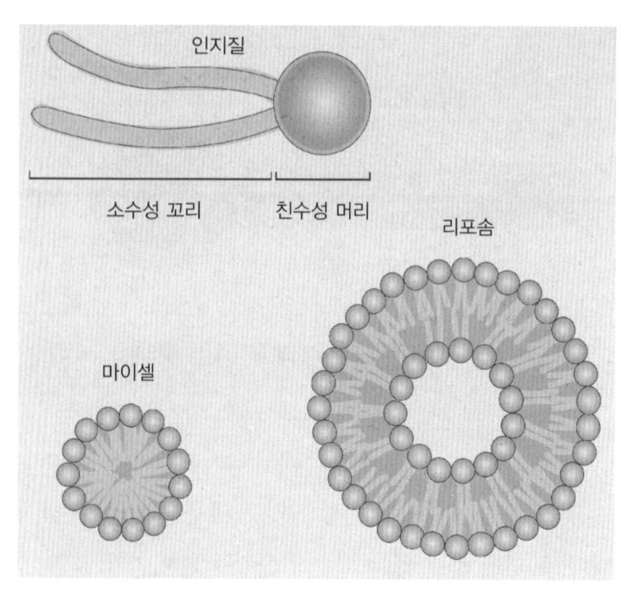

그림 15. 계면활성제의 마이셀과 생체 내 세포막이 뭉쳐진 리포솜

막으로 둘러 싸여 있다. 흔히 우리가 세포막이라고 부르는 것인데, 이 세포막은 친수성-소수성-소수성-친수성 형태로, 이렇게 벽을 만들어서 내부와 외부의 물질들이 섞이거나 혹은 외부에서 침입자가 들어오는 것을 막아주곤 한다.

세포 안에 들어가야 약효를 나타내는 약이 있다고 생각해보자. 그런데 세포막이 있어서 그 약은 쉽게 세포 안에 들어가지 못한다. 이럴 때 세포막을 통과하려면 어떻게 해야 할까? 과학자들은 그 해답을 계면활성제에서 찾았다. 세포막이 계면활성제로 되어 있으니, 이와 비슷한 계면활성제를 이용하기로 한 것이다. 세포 내에서 계면활성제인 세포막은 리포솜liposome이라고 해서 동그랗게 뭉치기도 하는데, 이 리포솜 안에 약을 넣어서 세포막에 보내면, 세포막이 자기 친구인줄 알고 쉽게 이 리포솜과 만날 수 있고 그 순간 약이 세포 안에 침투가 가능할 것이라는 가설을 세운 것이다. 이렇게 계면활성제는 약을 전달할 때도 유용하게 이용될 수 있다. 물론 이때의 계면활성제란 결국 세포막(인지질 이중층)과 동일한 물질을 가리킨다. 그림 15를 보면 마이셀과 리포솜의 차이가 확연하다. 마이셀은 가운데 소수성 꼬리가 모여 있고, 리포솜은 세포막이 동그랗게 말려 가운데 구멍이 있다.

계면활성제 없는 샴푸는 샴푸일까

보통 천연 계면활성제는 더 안전하고, 합성 계면활성제는 위험하다고 생각한다. 하지만 천연이든 합성이든 계면활성제의 구조와 역할은 동일하기 때문에, 무엇이 더 안전하다라고 결론을 내긴 어렵다.

다만, 화장품, 비누, 세제 등 용도별로 계면활성제의 종류는 분명 다르다. 그 종류를 결정하는 것은 친수성 머리 부분인데, 일반적으로 피부 자극이 적은 계면활성제는 화장품류나 세정제로, 세정력이 높은 계면활성제는 세제류로 사용된다. 우리가 알고 있는 천연 계면활성제류는 일부 화장품류에 이용되거나 의약품이나 화장품이 피부에 잘 침투해서 들어갈 수 있도록 하는 제형(제제)을 만들 때 이용되기도 한다.

세정제로 사용하는 계면활성제는 피부 표면에 있는 각질과 피지를 제거하기 위해 디자인된 계면활성제로 피부막을 침투하기 위한 용도가 아니다. 애초에 용도가 다르기 때문에 침투가 불가능하다. 다만, 계면활성제나 비누를 피부에 오래 방치하면, 계면활성제로 인해 pH가 약간 염기성에 가까워진 물질들이 피부에 자극을 줄 수는 있다. 하지만 우리가 비누 거품을 몸에 덕지덕지 붙이고 24시간 이상 그냥 있는 경우는 거의 없다. 세수를 하는 시간, 샤워를 하는 시간, 좀 더 나아가 거품 목욕을 한다고 해도 우리는 몸에 묻은 거품을 모두 씻어내므로, 실제로 계면활성제에 노출되는 시간은 생각보다 짧다.

화장품은 물에 녹는 성분과 기름에 녹는 물질들을 물에 넣고 혼합해서 만든다. 이때 계면활성제를 넣어주지 않으면 물에 녹는 것과 기름에 녹는 것이 서로 한데 섞이지 못하고 동동 떠다니게 된다. 그래서 계면활성제를 넣어 로션 또는 크림 형태로 만들어준다. 화장품에 이용되는 계면활성제는 특히나 피부에 안전하다는 것이 입증되어야 사용이 가능하고, 그 양 역시 제한적이므로 안심해도 된다.

그렇다면 천연 계면활성제와 합성 계면활성제를 구분하는 기준은 무엇일까? 일반적으로는 그 원료가 천연 원료인지 아니면 석유계 연료인지에 따라 결정된다. 화학구조상 큰 차이는 없다. 현재까지 알려진 계면활성제 관련 연구들에 따르면, 계면활성제는 친수성기의 종류에 따라 음이온, 양이온, 비이온, 양쪽성, 특수 등으로 분류되고, 각 친수성기의 종류에 따라 세정력과 피부자극도가 달라진다. 천연계면활성제 중 레시틴이나 사포닌 같은 천연원료에서 추출된 물질들은 상대적으로 미생물 분해가 용이해 생분해가 잘 된다고 알려져 있다. 따라서 더 친환경적이다. 생분해가 잘된다는 특징 덕에 천연 계면활성제는 합성 계면활성제에 비해 세정력이 약한 것도 부정하기 어렵다. 대신 피부에 자극이 덜할 수는 있다.

계면활성제가 들어간 제품을 어떻게 선택하면 좋을까? 그저 용도에 맞게 사용하기만 하면 된다. 뽀득뽀득 세정력이 높은 것을 원한다면 합성 계면활성제를 선택하면 되고, 세정력보다는 피부 자극이 없기를 원한다면 천연 계면활성제가 들은 것을 선택하면 된다.

계면활성제를 뺀 샴푸나 혹은 세정제도 있는데, 계면활성제가 없으면 세정제나 샴푸는 그 역할을 할 수가 없다. 앙금 없는 찐빵인 셈이다. 이런 경우 성분표를 잘 살펴보면 합성 계면활성제 대신 천연 계면활성제로 대체한 것을 확인할 수 있다. 이럴 땐 세정력을 비교해보고 본인에게 맞는 것을 선택하면 된다. 만약 천연 계면활성제도 들어 있지 않은 제품을 샴푸라고 우긴다면, 이것은 약간 고민을 해야 한다. 놀라운 기술력이거나 아니면 완벽한 거짓말일 것이기 때문이다.

화장품:
예민할수록 따져보자

세상은 화학물질로 이루어져 있다. 가령 인간과 같은 생명체들은 탄소, 산소, 수소, 질소 등이 포함된 거대한 유기화합물로 구성되어 있고, 생체 내에서는 수많은 유기화학반응들이 일어나며 인간이 생활할 수 있도록 돕는다. 대표적으로 우리가 아침에 졸리다고 느끼는 것은, 뇌에서 만들어진 아데노신이 신경세포에 결합하면서 발생하는 현상이며, 커피를 마신 뒤 잠이 깨는 이유는 커피 안에 있는 카페인이 아데노신을 대신하여 신경세포에 결합하기 때문이다.

먹는 행위, 입는 행위, 바르는 행위 등이 대표적인 화학물질과 만나는 통로라고 할 수 있을 것이다. 그만큼 사람들의 식품과 화장품 안전성에 대한 관심은 높을 수밖에 없다. 우리가 매일 사용하고 또 먹어야 하기 때문이다. 물론 이뿐만이 아니다. 과거 우리는 먹는 것, 혹은 바르는 것으로 장난치는 나쁜 사람들을 뉴스에서 접하기도 한다. 사람들이 일상적으로 사용하는 물질에 장난을 치는 사람이 분명 존재하는데, 어떻게 관심을 갖지 않을 수 있겠는가?

소비자 입장에서는 정보가 상당히 제한적이라는 문제도 있다. 접하는 모든 것이 화학이지만, 내가 사는 물건에 어떤 물질이 있는지 혹은 내가 산 음식에 어떤 성분이 들어 있는지 잘 알지 못한다. 또 솔직히 용어가 어려워 쉽게 기억에 남지 않는다.

이러한 문제가 쌓여 화학물질은 늘 오해의 대상이 된다. 화학물질이 몸에 해롭다고 생각하는 사람들이 가장 걱정하거나 염려하는 포인트는 일상생활에서 음식을 섭취하는 것 뿐만 아니라, 바로 바르는 것이다.

우리는 피부에 바르는 것에 예민하다. 그도 그럴 것이, 괜찮은 물질이라 생각해서 얼굴에 발랐는데, 뾰루지가 올라오기도 하고, 두드러기가 일어나기도 하는 등의 일을 겪기 때문이다. 심지어 이 문제는 바로 나타나지도 않는다. 하루 이틀 뒤에 얼굴에 표시가 난다. 그렇기 때문에 병원에 가도 명확하게 '무엇' 때문에 발생했다고 원인을 찾기 어렵다. 이러한 경험들이 축적되면 누구든 바르는 것에 민감해질 수밖에 없다.

과거 부모 세대는 화장품을 구매할 때, 브랜드의 인지도, 혹은 비싸면 좋은 것이라는 인식이 강하여 백화점 화장품을 선호했다. 또한 소비자들이 유명 브랜드의 화장품만 사용했기 때문에 신규 화장품 회사들이 시장에 진입하기도 어렵다는 특징도 있었다. 그러다 고가의 화장품이 과연 그 값을 하고 있느냐라는 사람들의 의문이 점점 커졌고, 소비자의 알 권리를 위해 '화장품 전성분 표시제'라는 제도가 생겼다. 화장품 전성분 표시제는 말 그대로 화장품을 제조할 때 들어가는 모든 성분을 표시하는 법안이다. 소비자들이 지출하는 화장품 값이 정말 제값을 하고 있는지, 과대광고는 아닌지, 혹시 싸구려 성분을 사용하는 것이 아닌지, 소비자들이 이런 불필요한 걱정 없이 보다 합리적으로 소비를 하라는 취지다.

그보다 더 중요한 것은 전성분 표시제로 인해, 성분을 보고 소비자들이 제품을 고를 수 있다는 것과 부작용이 난 경우, 의사가 부작용을 일으킨 성분을 즉시 알아내어 빠른 조치가 가능하다는 점이다. 점점 더 많은 소비자들이 성분을 확인하고 제품을 고르기 때문에 화장품 회사들은 좋은 성분을 사용할 수밖에 없다.

문제는 성분을 공개하면서 회사들마다 자신들이 사용한 성분의 가치를 높이려고 과학적인 근거가 전혀 없는 내용으로 광고를 하거나, 실제로는 효능을 나타내는 유효 성분이 아닌데 마치 유효 성분인양 포장하는 일들이 생겨났다. 화장품은 화장품일 뿐 의약품이 아닌 데도 불구하고 의약품의 효과를 가진 것처럼 홍보하는 경우도 적지 않다. 이런 광고의 홍수 속에서 소비자들이 잘 선택하려면 결국 화장품 안에 무엇이 들어가는지를 아는 것이 중요하다.

기능성 화장품의 필요충분조건

화장품은 크게 기초 화장품류와 기능성 화장품으로 나뉘는데, 미백, 주름 개선, 탈모 방지, 가려움증 개선을 목적으로 하는 제품은 기능성 화장품으로 분류된다.

법에서 정의한 화장품이란 인체를 청결하고 또 미화하여 매력을 더하고 용모를 밝게 변화시키거나 피부나 모발의 건강을 유지 혹은 증진하기 위하여 인체에 바르고 문지르거나 뿌리는 등 이와 유사한 방법으로 사용되는 물품으로서 인체에 대한 작용이 경미한 것을 말한다. 간단하게 요약하면 인체를 청결하게 해주고 현재의 상태를 건강하게 유지 혹은 약간 더 좋아질 수 있도록 돕는 제품을 말한다. 그리고 가장 중요한 지점은, 인체에 대한 작용이 경미해야 한다는 것이다. 인체에 대한 적용이 극대화되면 이것은 화장품이 아닌 의약품으로 분류해야 하기 때문이다.

즉, 광고에서 말하는 것처럼 바르는 즉시 피부가 환해지고 주름이 팽팽하게 펴지며, 리프팅이 쫘악 되고, 진피 아래로 수분이 쭉쭉 흡수되는 등의 일은 일반적인 화장품을 발라서는 있을 수 없다. 애초에 허가가 나지도 않는다. 따라서 일반 화장품류가 마치 무언가 특정 기능성을 가진 것인 양 이야기를 한다면 이것은 법에 어긋난다.

최근엔 천연추출물 함유를 내세우는 제품들도 많다. 그리고 마치 그 천연추출물 덕분에 미백과 주름 개선 효과도 있고 탈모도 완화되고, 아토피가 개선된다고 말하는데 이는 과대 광고다. 천연추출물만으로 피부에 특정 효과를 보기 어렵다. 천연추출물 중 기능성 화장품의 원료로 실제 식약처의 등재가 된 경우가 아니라면 말이다. 천연추출물을 기능에 대한 홍보 문구를 자세히 보면, “원료의 특성에 한함”과 같은 단서 조항을 달아 주는 경우가 있다. 이렇게 원료의 특성으로 인한 가능성을 적은 것이 솔직한 광고에 속한다.

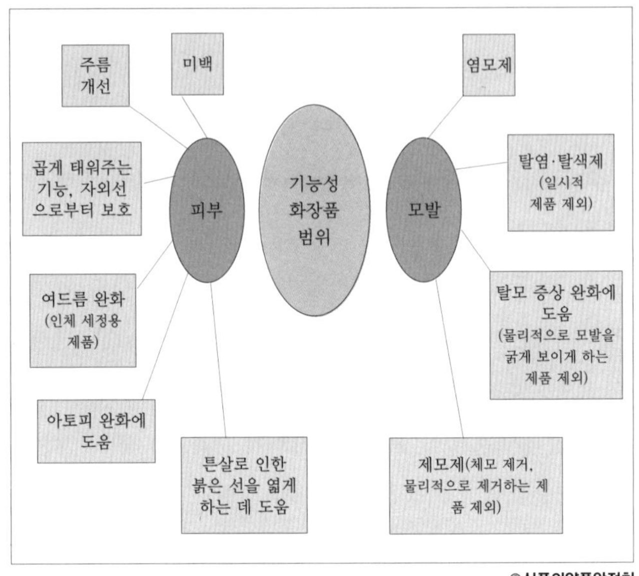

그림 16. 기능성 화장품 범위

이런 문제가 있음에도 불구하고, 회사 입장에서는 소비자들의 관심을 끌기 위해서 기능성 화장품이 아니더라도 어떤 특정 효과를 내는 것처럼 광고를 한다. 소비자들은 과대광고를 피해 역시 피부를 건강하게 유지하고 보호하는 정도의 화장품보다는 돈을 더 투자하더라도 진짜 피부에 더 좋은 것을 찾고자 했고, 이런 사람들을 위해 법에서 만들어준 분류가 기능성 화장품이라는 개념이다. 기능성 화장품은 일반 화장품 대비 특정한 효과를 갖는 화장품류를 말하며, 식약처에서 규정한 범위에 포함, 그 효과를 입증해야 인증받을 수 있다.

기능성 화장품이 되기 위해서는 유효 성분이 필요하다. 화장품 속에 일정량이 혼합되면, 식약처에서 말하는 미비하지만 개선이라는 것이 가능한 성분을 말하며, 이는 과학적으로 입증되어야 한다. 그렇다고 하여 이 성분이 엄청난 효과를 갖는 것은 아니다. 그저 일반 화장품보다 조금 효과가 있다 정도? 그 이상의 극대화된 효과는 나타낼 수 없도록 제한되기 때문이다. 피부를 개선하는데 약간의 도움을 줄 뿐 절대로 치료용이 아니기 때문에, 기능성 화장품은 더 주의가 필요하다.

의약품과 화장품은 출발 지점이 같다

의약품과 화장품은 사실은 출발 지점이 같다. 화장품에서 사용되는 성분이든, 의약품에서 사용되는 성분이든, 이들은 화학물질이라는 큰 분류에서 겹치고, 세상에 존재하는 다양한 화학물질 중에서 무엇보다 특정 질병이나 혹은 미백과 같은 어떤 환경에서 유효성, 즉 효능이 뛰어난 제품은 의약품으로 그리고 유효성은 미비하지만 무엇보다 안전성이 뛰어나다면 이는 화장품으로 개발된다.

©식품의약품안전평가원

그림 17. 의약품과 화장품 비교

출발은 같으나 방향이 다른 셈이다.

기능성 화장품은 식약처에서 정한 특정 성분이 들어가야 하기 때문에, 화장품을 구매할 때 식약처 기능성 인증이란 표현이 들어갔는지를 꼭 확인해야 한다. 인증이 없으면 그것은 그냥 일반 화장품이다. 또한 그런 표시가 없는데 제품의 유효 성분이 무엇인지를 말하는 제조사가 있다면, 이 또한 약간 경계하는 것이 좋다. 기능성 인증이 없다면 그 안엔 식약처에서 인증해준 유효 성분도 들어있지 않기 때문이다. 그냥 일반 화장품 성분을 잘 조합하여 시너지를 냈다라는 표현이 적절할 것이다.

또한, 기능성 화장품 인증을 받았다면, 역으로 일반 화장품 대비 안전성은 약간 떨어질 수 있다. 안타깝게도 유효성은 안전성과는 반대의 측면을 가지고 있기 때문이다. 무언가 어떤 효과를 나타낼 수 있는 물질이 들어갔다는 것은, 어떤 효능이 존재한다는 것이고, 이 효능은 피부에 약간의 자극을 줄 수도 있다는 뜻이다. 이러한 이유로 모든 기능성 화장품류는 그 유효 성분을 식약처에서 허가를 받기 전 독성 평가, 안정성 평가, 유효성 평가 등 다양한 세포 실험이나 임상시험을 거쳐 이 제품이 피부에 자극을 주지 않고 특정 상황에서 효과를 보이는지를 입증을 해야 허가를 받을 수 있다. 화장품은 무엇보다 안전성이 가장 중요한 덕목이기 때문이다.

전성분 공개란 결국 사용자들이 안전하게 사용할 수 있도록 돕기 위한 것이다. 다시 말해, 전성분을 한번 따져보고, 기능성 인증을 받은 제품인지를 확인해보고 하는 것만으로도, 자신의 피부에 자극이 될 수 있는지 없는지 정도를 판단할 수 있다. 화장품의 모든 성분이 안전해야 하겠지만 사람의 피부는 모두가 다르기 때문에 누군가는 부작용을 경험할 수도 있다. 평소 화장품을 구매한 뒤, 전성분표를 찍어두거나 혹은 견본품을 제공받아 팔에 테스트를 해본 뒤에 구매한다면 부작용을 예방할 수 있을 것이다. 또한 자신이 사용하는 제품의 전성분표를 캡쳐해

두고 사용 시 문제가 생기면 바로 그 성분표를 가지고 의사에게 찾아가는 것도 치료를 돕는 좋은 방법이다.

화장품의 목적은 현재 피부 상태를 건강하게 유지시키고 그 건강함을 증진시키는 것이다. 그 이상의 효과를 원한다면 그땐 현대의학의 힘을 빌려야 한다. 이런 점만 잘 기억한다면, 좀 더 슬기롭게 화장품을 사용할 수 있을 것이다.

락스와 비누:
이유 있는 스테디셀러

"락스를 자주 쓰면 폐에 안 좋은 거 아닌가요?" "비누는 무조건 수제 비누를 쓰는 게 안전할까요?"라는 질문을 자주 받는다. 나는 청소할 때 락스를 자주 이용하는 편이다. 락스는 몇 가지 규칙만 잘 지키면 사용하기가 가장 편리한 세정용품이기 때문이다.

락스의 주성분은 차아염소산나트륨이다. 분자식으로는 NaOCl 혹은 NaClO라고 쓰는데, NaCl은 소금이고, 소금인 염화나트륨에 산소 하나가 더 붙어 있으면 차아염소산나트륨이 된다. 왜 차아염소산나트륨, 즉 락스에는 소금을 의미하는 화학식이 섞여 있을까?

그것은 락스가 생산되는 방식 때문이다. 락스는 1785년 프랑스 화학자 클로드 베르톨레Claude Louis Berthollet가 발견했다. 사실 그는 표백제를 만들고자 했다. 그가 원래 관심이 있던 것은 염소였다. 그보다 10년 전인 1774년 벨기에의 화학자이자 물리학자인 칼 셸레Karl Wilhelm Scheele는 염소 기체를 연구하다가 염소 기체가 리트머스를 표백하며 살균 작용이 뛰어나다는 사실을 알게 되었다. 베르톨레는 셸레의 실험에서 리트머스를 염소 기체가 표백했다는 사실에 주목했다.

초등학교 과학시간에 한 번쯤 해봤을 산-염기 실험에서 리트머스 시험지의 색 변화를 기억하는가? 이 리트머스 시험지는 리트머스라고 하는 이끼의 즙을 염색한 시험지다. 즉, 리트머스는 이끼인 셈인데, 이 리트머스란 이끼를 통째로 표백한 것이 바로 염소 기체의 특징 중 하나였던 것이다. 베르톨레는 이 점을 활용하여 염소 기체로 천을 표백하고자 했다. '식물인 이끼를 표백했으니, 식물성 천도 표백이 가능하지 않을까?'라는 가설을 세운 것이다. 그런데 한 가지 문제가 있었다. 염소가 독성이 있는데다가 기체라 다루기 어렵다는 점이었다. 또 다른 문제도 있었다. 표백제로 쓰기 위해 기체를 물에 통과시켜 녹였더니, 천이 녹아 흐물흐물해진 것이다. 염소가 물에 녹으면 염산HCl이 생기기 때문이다. 즉, 표백을 하기 위해 물에 염소를 녹여 세제를 만들면, 천이 산에 부식되는 극단적인 현상이 발생하는 문제를 발견한 것이다.

베르톨레는 이런 문제를 해결하기 위해 실험을 거듭하던 중, 염소를 양잿물에 통과시키면, 염소가 녹으면서 독성은 사라지고, 천을 깨끗하게 만들어주는 효과가 유지된다는 것을 알았다. 베르톨레가 이때 발견한 이 표백 물질은 하이포아염소산칼륨$KClO$이라는 화합물이다. 이후 베르톨레는 양잿물이 아닌, 탄산나트륨Na_2CO_3 수용액에 염소 기체를 통과시켜도 표백 물질이 만들어진다는 것을 알아냈고, 이 물질에 "자벨수"라는 이름을 붙여 판매했다. 이때 베르톨레가 만들어낸 물질은 현대 락스의 유효 성분인 차아염소산나트륨이었다. 물론 지금은 베르톨레의 실험법으로 만들지는 않는다. 그 방식은 효율적이지 않기 때문이다. 다행히 과학의 발전으로 19세기 말, 소금물을 전기 분해하여 차아염소산나트륨 수용액을 대량으로 만들 수 있는 방법이 고안되었다. 원래는 차아염소산나트륨이었던 이 물질은 클로락스라는 회사에서 생산을 하면서, 차아염소산나트륨 수용액에 클로락스라는 제품명을 붙였고 이후 한국에서는 락스라는 이름으로 판매되면서 관용어처럼 사용하게 되었다.

락스의 탄생과 특성

락스는 다음과 같은 과정을 거쳐 만들어진다. 소금이 분해돼서 수산화나트륨하고 염소가 만들어지고, 이때 만들어진 이 두 가지가 합쳐지면서 차아염소산나트륨이 된다. 먼저 만들어진 수산화나트륨은 비누의 주성분인 가성소다(수산화나트륨)이다. 그리고 이 수산화나트륨과 염소 기체가 만나 만들어진 차아염소산나트륨은 COVID-19와 같은 물질을 살균할 정도로 매우 강력하다.

$$2NaCl + 2H_2O \rightarrow 2NaOH + Cl_2 + H_2$$

염화나트륨 물 수산화나트륨 염소 수소

$$2NaOH + Cl_2 \rightarrow NaOCl + H_2O + NaCl$$

수산화나트륨 염소 차아염소산나트륨 물 염화나트륨

그림 18. 락스가 만들어지는 과정을 표현한 화학 반응식

락스는 실험실에서도 유용하게 쓰인다. 간혹 실험을 하다가 장비에서 악취가 나는 경우가 있는데, 이때 아무리 환기를 시켜도 없어지지 않는 냄새도 락스 희석액으로 씻으면 장비에서 냄새가 사라지는 신기한 경험을 하게 된다.

그렇다면 락스 특유의 냄새는 어디에서 오는 걸까? 락스의 주성분인 차아염소산나트륨은 물에 희석되면 이온화라는 과정을 통해 살짝 변화가 일어난다. pH 7~8정도의 차아염소산나트륨이 물을 만나면 나트륨이 물에 이온화되고, 차아염소산이 된다. 이때 정말 락스는 진정한 락스의 역할을 할 수 있게 변신하는 셈이다. 그냥 차아염소산이나 차아염소산나트륨 수용액은 냄새가 나지 않는다. 청소 후 나는 락스 특유의 냄새는 사실 락스가 제 역할을 해서 세균을 죽였다는 증거로 나오는 냄새다.

락스 냄새의 주범은 클로라민이다. 클로라민은 차아염소산과 세균(혹은 곰팡이)이 만났을 때 발생한다. 락스의 성분이 세균이나 곰팡이 같은 유기물을 죽이면, 그 사체와 만나 염소가 반응을 하는데, 유기물과 염소 성분이 만나 클로라민 NH_2Cl 이라는 새로운 물질이 탄생하고, 이 물질은 우리가 아는 그 특유의 냄새를 풍긴다. 청소 후 공간에서 유난히 락스 냄새가 많이 난다면, 그것은 락스를 많이 사용한 것이 아니라, 그 공간 안의 위생 상태가 나빠 세균이나 곰팡이의 사체가 많다는 의미이므로, 환기를 확실하게 해주는 것이 좋다.

락스 같은 생활용품은 식품과 달리 유효기간을 확인하지 않는 경우가 많다. 하지만 의약품이나 화장품에 유통기한이 있는 것처럼, 소독제 역시 유효 성분에 유통기한이 있으므로, 제품 구매 시 제조 날짜를 꼭 확인하도록 하자. 차아염소산나트륨의 유효기간은 제조 후 15개월이다. 그렇다면 15개월 이후에 사용하면 효과가 없을까? 꼭 그런 것은 아니다. 차아염소산이란 물질은 강한 살균력을 자랑하지만, 반대로 그만큼 불안정하다. 화학적으로 생각해보면, 살균력이 강하다는 말은 화학적으로 반응성이 강하다는 말과 연결이 된다. 그리고 반응성이 강하다는 말은, 스스로 혼자 존재하기 어렵다는 말과 같고, 곧 "불안정한 물질"이라고 바꿔 말할 수 있다.

그래서 15개월이 지나면, 불안정해서 스스로 자폭을 선택한 분자들이 증가해서 효과가 예전보다는 떨어진다. 이 경우, 보통 희석해서 사용하던 농도보다는 락스를 더 섞어야 그나마 비슷한 효과를 볼 수 있을 것이다. 그러니 유효기간보다 몇 년이 더 지난 락스는 사용하지 않는 게 좋다. 어차피 효과가 없을 확률이 매우 높기 때문이다.

그렇다면 락스와 같이 불안정한 살균소독제는 어떻게 보관해야 할까? 사실 정답은 제품의 사용설명서를 보면 잘 나와 있다. 락스와 같은 류의 물질은 빛이 들지 않고(햇빛을 받으면 분해가 일어난다), 열이 없는 곳(따뜻해져도 물질 분해가 일어난다)에 보관해야 한다. 일반적으로 실험실에서는 락스를 빛도 없고, 서늘한 실험실 벤치 아래 서랍에 보관하거나 혹은 싱크대 밑에 보관한다. 그래야 충분히 물질이 분해되는 것을 막을 수 있어 사용 기간 동안 효과적인 살균소독을 기대할 수 있다.

살리는 화학과 죽이는 화학

누군가 이렇게 염소를 이용하여 표백제를 만들 때, 염소를 좋지 않은 용도로 만들려는 노력을 하는 이도 있었다. 1918년 노벨화학상을 받은 프리츠 하버Fritz Haber는 수소와 질소를 높은 온도와 높은 압력에서 두 개를 섞어 암모니아라고 하는 새로운 물질을 개발한 공로로 노벨상 수상의 영광을 얻었다. 하버가 만든 암모니아는 질소 비료에 사용되는 원료다. 하버가 암모니아를 저렴한 가격으로 대량 생산한 덕에, 전 세계 식량 생산량이 획기적으로 향상되었고, 인류는 기아에서 해방될 수 있었다. 이렇게 멋진 연구를 했으니 노벨화학상 수상이 당연하다고 말할 수도 있겠으나, 당시의 이 수상은 큰 논란을 낳았다. 왜냐하면, 프리츠 하버는 과학자가 잘못된 신념을 가지고 있을 때 얼마만큼 재앙을 가져올 수 있는지를 보여주는 대표적인 인물이었기 때문이다.

하버가 만든 암모니아는 질소 비료로 사용될 수 있지

만, 이를 약간 비틀어 부정적인 방향으로 사용하면 화약의 원료인 질산칼륨을 생산할 수 있다. 독일인이었던 하버는 자신의 조국을 매우 사랑했던 나머지, 제1차 세계대전 발발 시, 적극적으로 독일의 승리를 쟁취하기 위해 질산칼륨을 만들었다고 한다.

여기서 그치지 않고 하버는 전쟁용 독가스를 개발하는 비밀 부서에 배치되어 연구에 매진했다. 따라서 그는 세계 최초로 독가스를 사용해 효율적인 공격 방법을 만든 사람이라는 어두운 타이틀을 가지게 되었다.

이때 하버가 이용한 독가스가 바로 염소가스다. 1915년 이프르 전투에서 하버는 약 6천 개에 달하는 가스통을 열어 염소가스를 살포했고, 이로 인해 많은 연합군 병사들이 염소가스를 마시고 폐가 손상되어 사망하거나 혹은 가스에 중독되어 실명하는 등 극심한 후유증을 겪었다. 그리고 이 공로를 인정받아 하버는 독일의 영웅이 되어 유태인임에도 불구하고 장교로 배치되었다. 그리고 더욱 적극적으로 독가스 개발에 매진하게 된다.

염소가스는 정말 끔찍한 무기였다. 염소는 기체로, 호흡기를 통해 생체에 들어온다. 염소는 뛰어난 반응성을 무기로 콧속의 점막을 녹이고, 눈을 멀게 하고, 폐로 들어가면 생체 내 물과 만나 결합하여 염산이 되며, 이 염산은 장기를 녹인다. 죽는 과정도 고통스럽지만, 독가스의 공격에서 살아남은 후 겪었을 그 끔찍한 고통은 정말 상상할 수 없을 만큼 심각했을 것이다.

하버를 말리기 위해 많은 과학자가 나섰지만, 아무도 그를 저지하지 못했다. 심지어 동료 화학자인 아내 클라라 임머바르Clara Immerwahr는 과학자의 윤리를 저버린 남편을 비난하고 스스로 죽음을 선택했지만, 하버는 멈추지 않았다.

하버는 염소가스를 사용하는 자국 병사가 다치는 것을 우려하여 살포하기 좋은 독가스를 개발하는 데 여념이 없었고, 그렇게 만들어진 독가스로 포스겐 가스 등을 탄생시켰다. 독일 패전 후, 하버는 전범으로 처벌받는 대신 황당하게도 노벨상을 수상했고, 제2차 세계대전에도 참전하여 또 독가스를 만들었다. 그렇게 탄생한 희대의 독가스가 치클론B(일명 청산가스)이다. 아우슈비츠 수용소에서 많은 사람들의 목숨을 앗아간 바로 그 독가스인데, 하버가 꾸린 독가스 연구팀의 성과가 결국 많은 사람들의 생명을 뺏는 데 일조한 셈이다.

락스 연구와 하버의 독가스 연구는 동일한 물질인 염소에서 시작되었다. 누군가는 염소의 표백 능력을 활용하여 삶의 질을 향상시키고자 했고, 누군가는 염소의 독성을 사람을 해치는 데 활용했다. 참으로 아이러니하지 않은가? 마치 어느 날은 약이 되고 어느 날은 독이 되는 화학의 양면성을 말하는 것 같기도 하다. 또 과학자가 과학을 어떻게 대해야 하는지, 자신의 연구가 어떤 상황을 초래할 것인지를 돌아보게 하는 좋은 연구 윤리의 사례이기도 하다. 그리고 이쯤에서 우리가 한번 생각해야 하는 점이 있다. 하버는 암모니아 합성이라는 인류를 위한 연구는 단 한 번 했고, 그 이후의 연구는 모두 사람을 죽이는 데 활용되었는데, 단지 생명을 구하는 연구를 한 번 했다는 이유로 노벨화학상을 수여해 그에게 과학자의 영광을 주는 것이 과연 윤리적으로 옳은 것인지 말이다.

더 좋은 비누의 기준은 무엇일까?

이제 비누 이야기로 넘어가보자. 비누는 어떻게 만들어질까? 비누가 만들어지는 과정을 '비누화 반응'이라고 하는데, 가성소다, 일명 양잿물이라고 하는 강염기성 물질과 지방을 섞어 둘 사이의 화학반응을 이용해 일종의 계면활성제를 만드는 것이다. 즉, 이 화학반응이 잘 일어나서 원하는 물질만 잘 만들어진다면, 흔히 말하는 순한 비누가 탄생하게 되는 것이다. 그러나 모든 화학반응이 늘 상 잘 되는 것은 아닌지라, 비누화 반응에서 잘 녹지 않는 부산물이 탄생할 수 있고, 이러한 물질들 덕분에 피부

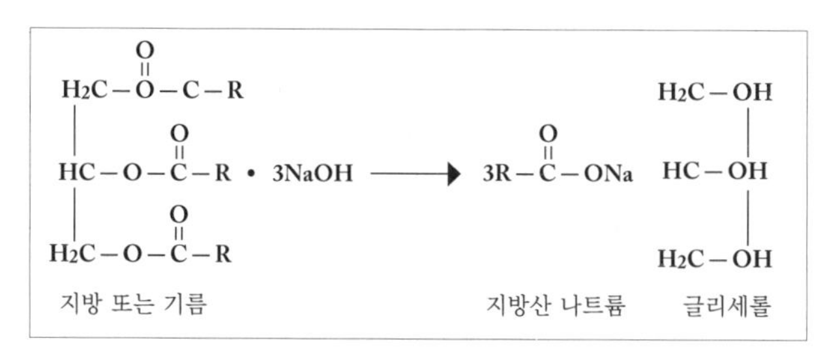

그림 19. 비누화 반응

에 자극이 생기기도 한다.

가끔 비누를 만들어보거나 혹은 비누를 구매해서 보면, 하얗게 분필가루같이 묻어나는 경우가 있다. 이것은 비누의 원료인 가성소다$_{NaOH}$가 공기 중 이산화탄소와 만나 만들어진 탄산수소나트륨이다. 비누화 반응에 전혀 참여하지 않는 부산물인 탄산수소나트륨이 비누가 만들어지면서 밖으로 드러나는 경우라 할 수 있다.

비누의 원료인 가성소다는 반응성이 아주 높은 물질이다. 특히 공기 중 수분이나 이산화탄소 등과 접촉하면 바로 반응이 일어나서 동일한 하얀색의 고체인 탄산수소나트륨을 만들어낸다. 또한 가성소다는 흡습성이 강하다. 즉 물을 끌어당기는 힘이 강해서, 공기 중에 살짝만 노출이 되도 금방 눅눅해진다. 이러한 이유로 실험실에서도 가성소다는 항상 수분과 공기에 노출이 되지 않도록 주의하여 사용하고 있다.

비누를 사용하다가 비누가 허옇게 뜨면서 굳어버리거나 거품이 나지 않을 때도 있다. 이건 습한 욕실 환경으로 인해 비누 안에 있는 거품이 나게 하는 계면활성제 성분들이 습기에 녹아 줄어들었거나 혹은 비누가 작아지면서 표면적이 작아지면서 마찰로 비누 거품을 일으키는 힘이 줄어들었기 때문일 가능성이 높다.

보통 수제비누는 순하고, 공장에서 만든 비누는 독하다고 생각한다. 그러나 비누화 반응은 공장에서건 집에서건 동일하게 일어나는 화학반응이고, 그 안에서 일어나는 전자의 이동 역시 동일하므로 만드는 환경에 따라 비누의 순하고 독함이 달라진다고 이야기할 수는 없다. 비누화 반응에서 그 반응이 100% 잘 완료되어야 자극 없는 비누가 만들어지기 때문이다. 더 투명한 비누가 더 순하다고 말하는 사람도 있는데, 투명도는 그 안에 들어가는 글리세롤의 양에 따라 달라진다. 글리세롤이 많아지면 투명도가 증가하고, 글리세롤이 적으면 감소한다. 물론 글리세롤의 역할은 보습이므로 글리세롤이 많은 비누를 사용했을 때 피부가 더 부드럽다는 느낌을 받을 수는 있다. 그러나 그것은 글리세롤의 특성이지 더 좋은 비누를 가늠하는 척도는 아니다.

비누 만들기는 집에서 아이들과 함께 할 수 있는 대표적인 과학 실험이기도 하다. 그러나 실험은 생각보다 까다롭다. 앞서 말한 것처럼 모든 물질을 100% 반응시키기 위해서는 젓는 속도, 혹은 가열하는 온도 등 섬세한 조절이 필요하기 때문이다. 이런 실험을 집에서 할 때는 장갑을 잘 끼는 것이 가장 중요하다. 또 어른들이 도와 비율을 잘 맞춰 준다면 비누를 만들다가 피부가 상하는 문제는 피할 수 있다.

화장실에서 비누 보관을 할 때 물기는 피할 수 없으니, 흐물흐물해지는 참사가 벌어진다면 물기 없는 곳에서 하루 이틀 건조만 시켜줘도 비누의 상태를 되돌리는 데 도움이 된다. 그래도 흐물흐물하다면 적당히 다른 용도로 쓴 뒤 교체하는 것을 추천한다. 나도 비누의 흐물흐물함을 싫어하는지라 어지간하면 작은 비누를 사용한다. 그리고 비누 주변에 하얀 고체가 발생해도 앞서 이야기했듯 이 고체는 물에 잘 씻겨나가는 탄산수소나트륨이니 놀라지 말고 물로 여러 번 씻어준 뒤 사용하면 된다. 탄산수소나트륨 역시 인체에 크게 유해하거나 혹은 생태계에 위험한 것은 아니니 크게 걱정하지 않아도 된다.

간혹 세균이 많을까 걱정하면서 공공장소에 있는 비누

를 쓰지 않는 경우도 있는데, 비누는 계면활성제로 이루어져 있기 때문에 세균이 번식할 수 없다. 앞서 말한 것처럼 계면활성제는 세균의 단백질을 파괴하기 때문이다. 그러니 공공장소에 있는 비누를 겁내지 말고 손을 씻는 것을 추천한다. 비누에 있는 세균보다 내 손에 있는 세균이 더 많을 수 있기 때문이다.

베이킹소다, 과탄산소다, 구연산: 생활의 동반자가 되기까지

우리 부부는 대학부터 대학원까지 같은 실험실에서 연구를 하고 결혼한 화학자 부부다. 친한 연구실 사람들이 "너희 아이는 태어나자마자 '수소'를 먼저 배울지도 몰라"라며 걱정을 해줄 정도로, 우리는 연구실 생활과 현실 생활을 잘 구분하지 못했다. 결혼 뒤 우리는 장을 볼 때 자주 토론을 벌이곤 했다. 토론 주제는 대개 화학제품들이었는데, 특히 청소용 세제류에 집착 아닌 집착을 했었다. 배운 게 도둑질이라고, 청소제품이나 혹은 일상생활 화학제품을 사러 가면 눈에 불을 켜고 성분표를 스캔하곤 했다. 그리고 스캔 후, 제품의 주성분을 보며 이 제품을 사도 될지 안 될지를 고민하곤 했는데, 그 이유는 제품이

나빠서가 아니라, 돈이 아까워서였다.

돈이 아까웠던 이유는 사실 단순했다. 판매하는 제품의 주요 화학 성분이 우리가 실험실에서 흔하게 접하는 것이었기 때문이다. 심지어 가격도 저렴해서 말 그대로 막 사용하는 제품이기도 하다. 그렇게 저렴해서 막 사용하는 물질을 돈을 지불하고 산다? 이걸 꼭 돈 주고 사야 하는 건가? 라는 떨떠름함을 자주 느껴 결국 물건을 내려놓는 일이 허다했다.

실험실에서 자주 사용하는 일상생활 제품 중 대표적인 것은 친환경 3종 세트라고 불리는 베이킹소다, 과탄산소다, 구연산이다. 실험실에서는 탄산수소나트륨$NaHCO_3$, 과탄산소다$2Na_2CO_3 \cdot 3H_2O_2$, 시트르산$C_6H_8O_7$으로 불린다. 실험실에서는 유기화학실험을 할 때 사용하기도 하고, 혹은 시약을 버릴 때 중화를 위해 사용하기도 한다. 지금부터 이 친환경 3종 세트는 어디서 왔는지 그리고 어떻게 우리 생활 속에 스며들었는지 하나하나 파헤쳐보자.

과학의 결실이 생활 속으로

18~19세기 화학자들은 자연에서 나오는 다양한 암석 및 물질들(무기물)을 가지고 다양한 실험을 해보며 새로운 물질을 만들거나 혹은 성분을 분석하거나 특징을 찾아내

는 다양한 연구를 했다. 마치 영화 〈해리포터〉 속에 나오는 마법약 수업처럼 말이다. 탄산수소나트륨 역시 그렇게 발견된 광물질 중 하나다. 이 탄산수소나트륨이 사람들의 관심을 받게 된 것은 비누 때문이었다. 당시에 비누의 수요가 증가하면서 비누를 만들기 위한 원료인 무수탄산나트륨(일명 소다회)에 대한 수요가 증가했다. 당시 소다회는 알칼리 호수가 마르면서 호수가에 자연스럽게 만들어진 퇴적물에서 얻거나 다시마나 해초를 불에 태워 만든 재에서 얻을 수 있었는데, 이렇게 얻은 소다회로는 늘어가는 비누 수요를 충족할 수 없었다.

화학자들은 소다회를 얻기 위한 연구를 하던 중, 당시 가장 풍부한 자원이었던 소금을 활용하는 아이디어를 내게 된다. 그렇게 1791년 프랑스의 니콜라 르블랑Nicolas Leblanc이 처음 소금으로 탄산수소나트륨을 만들어냈고, 그 방법이 개량되고 개량되면서 지금의 탄산수소나트륨이 되었다.

탄산수소나트륨은 세제로도, 또 빵을 부풀리는 데도 사용된다. 이 용도는 1800년대에 미국의 화학자인 존 드와이트John Dwight와 오스틴 처치Austin Church에 의해 사람들에게 널리 알려졌는데 그 회사의 이름이 바로 처치앤드와이트로, 여기서 판매하는 브랜드가 그 유명한 암앤해머다. 베이킹소다라는 이름 역시 암앤해머에서 판매되면서 사람들에게 널리 알려졌다.

베이킹소다(탄산수소나트륨)는 의약품과 식품첨가물로 이용이 될 정도로 안전한 물질이다. 탄산수소나트륨은 열을 받으면 탄산가스를 내보내는데, 빵을 만들 때 빵 반죽 사이에 탄산가스를 내보냄으로써 단단하게 맞물린 밀가루 조직을 부드럽게 만들어주고 체내에서 빵이 잘 소화되도록 돕는다.

베이킹소다는 의약품에도 쓰인다. 실제 위산의 작용을 억제하는 제산제로 사용되고, 대사성 산증이라는 질병의 치료제로도 이용된다. 대사성 산증은 어떤 질병을 가진 사람들이 생체 내에서 갑자기 오류가 발생해서 중성이어야 하는 혈액의 pH가 산성으로 바뀌면서 나타나는 질병이다. 이런 경우에는 다시 산성이 된 혈액을 중화시켜 중성으로 만들어야 하는데, 이때 사용하는 것이 바로 베이킹소다이다. 간혹 어른들 중 베이킹소다가 몸에 좋다고 하는 분들이 있는데, 영양제처럼 먹기보다는, 특정 질병의 치료제로 쓰인다는 점을 확인하고 넘어가자.

베이킹소다를 가장 많이 사용하는 분야는 역시 세정제다. 아이에게 슬라임을 만들어주거나, 싱크대 청소를 하거나 혹은 주방용품 세척을 할 때도 유용하다. 특히 고기

굽고 난 뒤에 뜨거운 물로 기름을 한번 씻어내고, 베이킹소다를 뿌려 준 뒤 뜨거운 물로 씻으면 고기 기름을 쉽게 제거할 수 있다. 이렇게 기름을 닦아낼 수 있는 이유는 베이킹소다가 염기성 물질이기 때문이다. 염기성 물질은 단백질과 지방을 녹일 수 있는데, 고기 기름은 지방이기 때문에 베이킹소다 용액으로 제거가 가능하다. 그러나 단독 세척 능력은 뛰어나지 않다. 세제로 기름을 한 번 제거한 뒤, 추가 제거를 할 때 유용하다는 점을 기억하자.

과탄산소다는 탄산소듐sodium carbonate와 과산화수소hydrogen peroxide가 만나 생성되는 화학물질로, 분자식은 $Na_2CO_3 \cdot 3H_2O_2$이다. 하얀색 고체로, 흡습성이 있어, 물을 흡수하여 딱딱한 덩어리를 형성할 수 있고, 물에 잘 녹는 무기물이다. 이 과탄산소다는 1899년 러시아의 화학자인 세바스티안 모이세비치 타나타Sebastian Moiseevich Tanatar가 처음 만들었다. 과탄산소다가 물에 들어가 산소를 만들어내며 표백효과가 있다는 것이 알려진 후 세제에 응용하려는 연구들이 있었고, 실제 과탄산소다를 주성분으로 하는 세제가 전 세계적으로 사용되었다. 바로 옥시크린이다. 그러한 이유로 옥시의 불매운동 당시에 많은 이들이 과탄산소다를 찾았다.

과탄산소다는 pH로 따지면 대략 11~12 정도로 베이킹소다보다는 강한 염기성 물질이고 세탁할 때 많이 이용한다. 베이킹소다를 세탁 시 사용하면 빨래의 꿉꿉한 냄새를 없앨 수 있다고도 하는데, 아마도 베이킹소다가 물에 녹아 약염기 물질이 되어 냄새를 일으키는 빨래 속 세균이나 곰팡이를 죽였을 확률이 높다. 과탄산소다는 베이킹소다보다 세정력이 강하긴 하지만 역시 단독 세정제로 쓰기엔 무리가 있다. 세정용으로 효과가 있는 물질이 아니기 때문이다. 과탄산소다의 정확한 용도는 산화제다. 과탄산소다는 물과 만나면 과산화수소H_2O_2라는 물질을 내놓는다. 그리고 이 과산화수소는 표백 효과가 있어서 색을 하얗게 만드는 데 도움을 준다. 따라서 만약 세제에 과탄산소다를 섞어서 세탁한다면 단독 세제를 사용했을 때보단 옷이 더 하얗게 될 것이다. 다만, 과탄산소다는 강한 염기성 물질이므로, 옷의 소재에 따라 울과 같이 단백질이 포함된 섬유는 손상될 수 있으므로 마법의 가루처럼 모든 곳에 사용하기는 어렵다.

구연산을 설명하는 여러 가지 방법

시트르산이 정확한 단어지만 우리나라에서는 그냥 구연산으로 불리는 물질이며 약한 유기산이다. 탄소를 포함하고 있는 산성 물질이라는 의미인데, 이 구연산은 산소

호흡을 하는 모든 생물의 대사 과정에서 일어나는 중간 생성물이기도 하다. 즉, 인체에 늘 존재하는 물질이란 뜻이다. 구연산은 스위스의 화학자인 셸레가 1784년에 처음으로 레몬주스에서 분리했다. 과일에 들어 있는 물질이기 때문에 먹어도 무방한 안전한 물질이라 실제 식품과 의약품에서 상큼함을 담당하는 산미료로 활용되기도 한다. 사실 그보다 더 좋은 역할은 물에 녹아 금속과 결합하여 금속을 물에 녹이는 능력이다. 이런 역할을 하는 물질을 화학에서는 킬레이트제라고 부르는데, 이런 특징 때문에 시트르산은 비누와 세탁세제를 경수에서 빤 뒤, 금속염이 생긴 뻣뻣한 물에서 금속염을 모두 녹여버림으로써 잔여 세제 없이 잘 세탁되도록 돕는다. 이 능력이 1940년대 맨해튼 프로젝트에서 빛을 발한 뒤, 산업계에서 유용한 킬레이트제로 활용되기 시작했다.

화려한 수식어를 빼고 간단하게 구연산을 설명하자면, 구연산은 식초의 대용품이다. 산성 물질이고, 산 중에서도 과일 등에 포함된 산이라고 생각하면 된다. 구연산의 장점은 역시 물때 제거다. 커피포트와 같은 주방용품을 사용하다 보면 하얗게 가루가 끼는 것을 볼 수 있는데, 이건 물에 함유된 미네랄이 굳어 석회가 된 것이다. 물에는 H_2O 이외에 다양한 마그네슘, 중탄산, 칼슘, 칼륨, 나트륨과 같은 물질들이 이온의 형태로 녹아 있다. 흔히 말하는 미네랄이다. 그리고 이 미네랄은 상온이나 차가운 물에 잘 녹아 있다가 커피포트처럼 끓이고 식히는 일을 반복하면 침전이 일어나고, 침전 때문에 하얀 가루가 낀 것처럼 보이게 된다. 이런 침전물은 세척으로 쉽게 제거 가능한데, 가장 간단한 방법이 구연산을 넣고 끓이는 것이다. 구연산이 물에 들어가면 약한 산성을 띄는 용액이 된다. 이 용액을 가열하면, 물질의 용해도가 증가하고 이때 겉에 붙어 있던 석회질(침전물)은 산성 용액에서 쉽게 이온화가 되어 물에 녹는다. 이런 원리로 석회질을 제거하는 것이다. 사실 석회질 제거는 식초로도 충분하다. 구연산이 없다면 식초를 사용하면 된다. 나는 구연산을 따로 사지 않고 식초로 제거하고 있다. 물론 장단점도 있다. 식초는 냄새가 나지만, 구연산은 냄새가 나지 않는다.

간혹 하수구 청소를 한다며 탄산수소나트륨과 구연산을 함께 넣고, 물을 부어서 청소를 한다는 사람도 있다. 이건 잘못된 사용법이다. 탄산수소나트륨과 구연산은 염기성 물질과 산성 물질의 만남이므로, 두 개를 합치면 물이 된다. 탄산수소나트륨과 구연산 반응을 통해 나오는 기체는 이산화탄소다. 그리고 이 이산화탄소가 바로 보글보글 거품을 만드는 것이다.

$$C_6H_8O_7 + 3NaHCO_3 \rightarrow Na_3C_6H_5O_7 + 3CO_2 + 3H_2O$$

구연산 탄산수소나트륨 구연산나트륨 이산화탄소 물

그림 20. 탄산수소나트륨과 구연산의 화학 반응

다시 말해, 두 물질을 섞은 뒤 물을 부으면 주변에 때를 분해하는 것이 아니라 둘 사이의 중화반응이 먼저 일어나고, 거품만 생기는 게 전부다. 거품으로 인해 때가 불었을 수도 있겠으나, 정확하게 때를 염기성 물질로 녹이거나, 또 산성 물질로 녹이거나 하는 효과는 기대할 수 없다. 그러니 만약 때를 제거하고 싶다면 둘 중 하나만 사용하는 것을 추천한다.

위의 이야기한 세 가지 물질을 친환경이라 부르는 이유는 모든 물질이 물에 이온화되기 때문인데, 물에 잘 녹아 분해된다는 의미다. 즉, 수질 오염에 영향을 끼치지 않는다. 우리가 일반적으로 말하는 수질 오염이란 물의 유기물이 증가해서 녹조 등이 발생하거나, 물의 자정 작용으로 분해되지 않을 만큼의 많은 폐수가 대량 방출되어 물의 pH가 바뀌거나 혹은 수중 생물들이 사망하는 경우들을 말하는데, 위 세 가지 물질의 성분은 이온화가 되어 물속에 들어가도 특별한 영향을 미치지 않는다는 장점이 있는 것은 맞다.

다만, 이 물질들의 세정 능력은 기존 제품들을 대체할 정도로 훌륭하지는 않기에, 기존 세제의 양을 줄이고 이런 제품을 보조품으로 함께 사용한다면 충분히 환경적으로도 유용할 수 있을 것이다.

주방의 화학:
잔여 세제와 세균

나는 뚝배기로 요리하는 걸 좋아한다. 알밥도 뚝배기에 하고, 모든 찌개는 뚝배기에서 끓여야 제대로 맛이 든다고 믿어 의심치 않는 굳건한 팬심도 가지고 있다. 그래서 의도치 않게 집에는 뚝배기가 사이즈별로 있다. 우리 집에 뚝배기만큼 많은 제품이 하나 더 있는데, 온갖 실리콘 제품들이다. 옥수수전분으로 만들어진 식기도 있다. 대부분 아이 전용 식기다. 한참 아이가 이유식을 먹게 되고, 그래서 간식을 그릇에 담아주는 등 밥상 교육을 하던 시절, 우리 집 대부분의 식기는 실리콘으로 교체되었다. 식사 시간도 노는 시간이라 생각하기 때문에 일단 던지거나 떨어뜨리는 일이 빈번한 아이를 위해 준비한 물건들이었다.

실리콘 제품은 장점이 많다. 말랑말랑하고, 뜨거운 물에 변형이 일어나지 않고, 떨어뜨려도 소리가 크지 않고 깨지지 않는다. 말랑말랑하고 깨지지 않아야 한다는 것은 아이의 안전과 연관되는 중요한 포인트다. 뜨거운 물에 소독했을 때 변형이 없어야 한다는 점은 온갖 전염병을 달고 사는 그 시기 아이들의 건강을 위해 필요하다. 이유식과 밥상 교육을 시작한 아이들은 뭐든 입에 넣는 것을 좋아한다. 이 입으로 가는 것에는 각종 세균도 포함된다. 가장 중요한 떨어뜨렸을 때 소리가 크지 않아야 한다는 것은, 층간 소음 민원의 주인공이 되지 않기 위한, 또 민폐 부모가 되지 않기 위한 필사적인 노력에 해당된다. 하여튼 이런저런 이유로 집에는 실리콘 제품들이 늘어난다.

뚝배기도 실리콘도 유용하게 쓰는 제품이지만 설거지할 때 더 주의를 기울여야 하는 불편함이 있다. 바로 잔여 세제 때문이다. 화학제품으로 인한 사건사고가 자주 발생하고 보도되면서 우리는 필연적으로 화학물질에 대한 걱정이 많아졌다. 잔여 세제 역시 마찬가지다. 특히 주방에서 아이들이 사용하는 식기에 잔여 세제가 남으면 이 계면활성제가 체내에 유입되고 축적되어 암을 유발한다는 언론보도 때문에 아이를 키우는 부모들의 마음은 심란해진다. 실제 이런 잔류 세제에 대한 연구가 있다. 다양한 환경공학 분야 연구들을 보면 세제 사용량과 세척 방법에 따라 잔여 세제가 남고, 그릇에서 다시 추출될 가능성을 언급한다. 그러니 잔여 세제에 대한 걱정이 단순히 기우라고만 볼 수는 없다.

뚝배기에는 미세한 균열이 있다. 처음부터 있던 것은 아니고, 사용하면서 생기는 건데 이것은 뚝배기를 만드는 제조 방식 때문이다. 뚝배기는 흙으로 모양을 만들고 겉에 유약을 발라 구워서 완성한다. 이렇게 만들어진 뚝배기는 조리 과정에서 열을 받게 되고, 열을 받으면서 흙이 팽창하는데 유약은 가만히 있다 보니, 페인트 갈라지듯 미세하게 균열이 생긴다. 이 과정이 반복되면 결국 균열된 틈이 점점 벌어지고 그 사이에 음식물 찌꺼기가 끼거나 혹은 세제가 스며들게 된다. 그리고 우리가 다시 조리하는 과정에서 틈새에 있던 찌꺼기나 세제가 빠져나올 수 있다.

실리콘 제품도 이와 비슷한 균열이 발생할 수 있다. 수세미로 닦다 보면 미세하게 표면에 스크래치가 날 수밖에 없다. 반복된 사용 때문에 생기는 어쩔 수 없는 현상이다. 그리고 이 스크래치 사이로 세제가 스며들 수 있다.

이런 경우 어떻게 해야 갈라진 틈에 세제가 남는 현상

을 막을 수 있을까? 반복된 사용으로 인해 벌어지는 일이기 때문에 사실 100% 막는 것은 어렵다. 일단 나는 뚝배기나 실리콘 제품을 설거지할 때 절대로 세제를 푼 물에 담그지 않았다. 거품을 낸 수세미로 닦고 흐르는 물에 바로 헹군다. 그리고 실리콘, 옥수수전분 식기들을 따로 볼에 담고 뜨거운 물을 부어 10~20분 정도 담근 후 다시 흐르는 물에 헹궈 말린다. 혹 잔여 세제가 들어갔을 것을 가정할 때, 뜨거운 물에 담그면 균열에 스며들었던 잔여 세제가 녹아 나올 수 있기 때문이다. 실제로 이렇게 한번 담그면 미끈거리던 잔여감이 줄어들어 마음을 놓을 수 있었다. 이 방법은 뉴스에 여러 번 소개된 어느 정도 검증된 방법이기도 하다.

뚝배기는 되도록 세제를 적게 사용하면 좋지만 그러기가 사실 어렵다. 그래서 1차 설거지가 끝나면 물을 넣고 한번 끓였다. 그렇게 한번 끓여내면 거품이 올라오는 것을 확인하는 경우가 있었고, 그 뒤에는 사용하면서 찝찝함을 좀 덜 수 있었다.

물론 이보다 더 중요한 원칙은 사용하면서 주기적으로 균열을 확인하는 것이다. 항상 아이 식기를 사용하고 나면 스크래치 상황을 확인하곤 했다. 젖병, 식기 등 아이가 사용하는 실리콘이나 플라스틱 제품류들은 스크래치 여부를 확인하고 주기적으로 교체했는데 젖병은 대략 6개월, 아이 식기는 1년마다 교체했다. 내 경우엔 그 정도 사용하면 스크래치가 육안으로 보일 정도여서 교체했는데 집집마다 상황이 다를 테니 참고해서 교체하는 것을 추천한다.

나무 도마가 정말 위생적일까?

최근 원목 도마가 인기를 끌고 있다. 관리만 잘하면 플라스틱 도마보다 오래 사용할 수 있고 세균 번식도 잘 안 한다고 알려져 있다. 나무 도마의 원재료인 나무에는 벌레가 접근하지 못하도록 하는 항균물질들이 있어 세균 번식을 억제한다는 연구도 있지만, 도마에 나는 흠집 사이로 음식물이 끼어 미생물이 번식할 가능성도 배제할 수 없어, 관리가 중요하다는 연구 결과가 실제 발표되기도 했다. 사실 나무 도마를 사용하는 입장에서 오래 쓴다는 기준이 플라스틱 도마 사용 기준과 비교한다면, 오래 쓰는 것은 맞다. 전문가들이 권장하는 도마 사용 기한은 1년인데 내 경우 나무 도마를 2~3년 주기로 교체하는 편이다. 이렇게 오래 도마를 사용할 수 있는 가장 큰 이유는 내가 자주 도마를 사용하지 않기도 하고, 나무 도마를 주기적으로 소독하고 관리하기 때문이다.

나무 제품은 뚝배기만큼이나 세제를 쭉쭉 흡수한다. 마른 나무이기 때문에 그리고 또 코팅이 금방 벗겨지기 때문이다. 도마 역시 음식에 있는 미세한 수분을 흡수한다. 그래서 재료가 도마에 찰싹 붙는 느낌을 받게 된다. 수분을 흡수하며 도마가 재료를 잘 붙들어주는 것이다. 그리고 이렇게 수분을 흡수한다는 소리는 음식물 찌꺼기나 혹은 세균도 잘 붙는다는 말이 된다. 물론 여기엔 세제도 포함될 수 있다.

앞에서 뚝배기나 실리콘 용기의 미세 균열에 세제가 스며든다고 했다. 도마 역시 마찬가지다. 칼을 사용하기 때문에 계속 도마에 흠집이 쌓이고, 이 흠집 사이에 세제나 음식물 찌꺼기가 낄 수 있다. 따라서 주기적인 관리가 필요하다. 나는 세척 후 뜨거운 물로 가끔 도마 겉면을 씻은 뒤 햇빛이 아닌 그늘에 말리고, 2주마다 칼집이 난 곳에 사포질을 하고, 올리브오일(도마용 오일도 있다)을 발라 말린다. 이렇게 사용하면 어느 정도 흠집도 예방되고 음식물이 끼어 색이 착색되는 것도 막을 수 있다. 물론 도마 세정제를 사용해서 주기적으로 소독도 한다.

그렇다면 플라스틱이나 실리콘 도마는 괜찮을까? 칼집이 나는 것은 나무 도마나 다른 도마나 같다. 칼집이 나면 발생하는 후폭풍 역시 동일한 패턴이다. 실리콘 도마는 뜨거운 물로 플라스틱 도마는 락스 희석액(도마용 소독제 혹은 락스 희석액 기준이 있다) 등으로 소독이 가능하다.

사실 어떤 도마를 사용하건 세균 번식을 막기는 어려울지도 모른다. 칼집은 날 수밖에 없고, 세제를 사용하면 잔여 세제가, 그렇다고 대충 닦으려니 세균이 걱정될 수밖에 없다. 둘 다 걱정이라면, 별수 없이 열심히 세척하고, 잘 말린 뒤, 도마용 소독제로 주기적인 소독을 하는 것이 더 좋을 수 있다. 그리고 주기적으로 교체를 하자. 대략 1년이 교체 주기라고 하니 적당히 사용하다가 교체하는 것이 위생적으론 더 나을 수 있다.

안전하고 간단한 주방 위생 관리

아이가 이유식을 시작하며 나는 도마와 칼을 모두 바꾼 기억이 있다. 교차 오염을 막기 위해서였다. 사실 모든 식재료는 봉지를 여는 순간 세균에 노출된다. 손에도 늘 세균이 존재한다. 그러므로 음식을 만들기 전 늘 손을 씻지 않겠는가?

아이가 이유식을 시작하던 시절 가장 걱정했던 부분은 세균이었다. 어른에게는 아무렇지 않은 세균이 아이에게는 해를 입힐 수 있을 것 같았고, 그 위험 부담을 없애고 싶었다. 그래서 선택한 방법이 도마와 칼을 바꾸는 것이었다. 나는 당시에 열탕 소독이 가능한 실리콘 도마 세트를 그리고 아이 이유식용 칼을 별도로 하나 더 구매했다.

사실 그 전에 어른 둘만 살 때에는 식재료별로 도마를 따로 쓸 생각을 해본 적이 없었다. 식재료 자르고 바로 물로 씻고 다시 재료를 손질해도 크게 교차 오염이 일어날 일이 적었기 때문이다. 칼 역시 그냥 편한 만능 식칼 하나로 요리를 했었다. 그런데 아이가 태어나고 나니 이런 나의 방식이 아이에게 위험할까 염려되었다.

원칙적으로 모든 식재료는 별도의 도마를 사용해야 한다. 김치처럼 색이 밸 수도 있고 혹시라도 한 식재료에 세균이 있는 경우, 다른 식재료가 함께 오염되는 일을 막기 위해서이다. 칼 역시 마찬가지이다. 실제 식약처에서 식품안전관리를 위해 배포하는 자료에 기재된 내용이다.

그래서 고민 끝에 도마를 새로 구매했다. 처음 이유식을 해야 하는 아이는 너무 어렸고, 장염이라도 걸리면 아이에겐 치명적이라는 기본 상식을 바탕으로 결정했다. 대부분의 부모가 아이 이유식을 할 때 조리 도구를 따로 쓰거나 나처럼 바꾸는 데에는 이러한 이유가 있다. 과거에는 배앓이를 그냥 한다고 생각했지만, 이제는 그 배앓이가 음식물에서 딸려온 세균 때문이란 것을 너무나도 잘 알고 있기 때문이다.

주방은 가정에서 가장 중요한 곳 중 하나다. 식자재를 보관하고, 그 식자재를 이용하여 음식을 조리하고, 우리는 그 음식을 먹어 에너지를 섭취한다. 따라서 이 공간은 반드시 세균이나 미생물로부터 안전해야 한다. 그러나 우리는 이 점을 쉽게 간과하기도 해서 간혹 문제가 발생한다.

식자재의 안전한 보관을 위해 냉동실이나 냉장실을 이용하지만, 안에 너무 많은 물건을 집어넣은 탓에 냉기가 순환되지 않아 오히려 세균이 번식하게 되는 참사라던지 (이 경우엔 냉장고를 정리해주면 해결된다) 혹은 반찬을 입에 댄 수저로 덜어 먹거나 숟가락을 혼합하여 사용한 탓에 고추장, 된장에 곰팡이가 쓰는 등의 문제 말이다.

가령 나는 고추장이나 된장을 덜 때에는 별도의 요리 수저를 사용하고, 새로운 소스를 덜고 나면 그 수저를 물로 헹군 뒤 다시 사용하곤 한다. 그것도 모자라 가끔 수저를 두세 개씩 꺼내 요리하는 경우도 흔했다. 결혼 초 이런 모습을 남편은 이해하지 못했지만, 몇 번 입에 댄 수저가 닿은 반찬이 냉장고 속에서 빠르게 부패하고, 무심코 쓴 수저 때문에 고추장에 곰팡이를 번식시켰던 참사를 겪고 나서는 내 방식에 전적으로 동의하고 있다.

우리가 위생적으로 안전하게 생활하는 것은 의외로 간

단하다. 거창하게 살균기로 살균하고 끓는 물로 소독하는 것만이 아니라, 음식 섭취에 이용하는 수저와 요리 시 이용하는 조리 도구를 구별하는 것, 냉장고에 너무 많은 음식을 채우지 않는 것만 잘 지켜도, 충분히 내가 있는 공간을 안전하게 유지할 수 있다.

과거엔 잘 몰랐고 지금은 알게 된 사실을 바탕으로 조금 더 위생적인 환경을 만들려고 하는 행동을 유난 떤다고 말하는 사람도 있다. 하지만 그러기엔 조리 도구를 비위생적으로 관리했을 때 겪게 될 리스크가 너무 크지 않을까?

후주

1 이상건, 스페인 독감 이야기. *Epilia: Epilepsy and Community*, 2021; 3(1):21-28. 천병철, 신종 인플루엔자 대유행의 확산과 영향 모델링. *J Prev Med Public Health*, 2005; 38:379-385

2 Colleen M Hansel, "Sunscreens threaten coral survival", *Science*. 2022; 376: 578-579

3 "'액체괴물' 슬라임 또 리콜 명령… 누리꾼들 여전히 슬라임 '좋아'", 〈빅터뉴스〉, 2019.11.18 http://www.bigtanews.co.kr/news/articleView.html?idxno=5156

4 "가습기살균제 피해 모르고… '액괴' 만지며 노는 아이들", 〈중앙일보〉, 2018.9.5 https://news.joins.com/article/22944073#none

5 Morteza Bashash, Deena Thomas, Howard Hu, E. Angeles-Martinez-Mier, Brisa N.Sanchez, Niladri Basu, Karen E.Peterson, Adrienne S.Ettinger, Robert Wright, Zhenzhen Zhang, Yun Liu, Lourdes Schnaas, Adriana Mercado-García, Martha MaríaTéllez-Rojo, and MauricioHernández-Avila et al. 2017. "Fluoride Exposure and Cognitive Outcomes in Children at 4 and 6-12 Years of Age in Mexico", 125(9): https://doi.org/10.1289/EHP655

6 현재 국내에서 재활용하는 플라스틱은 HDPE, LDPE, PP, PS이기 때문에 바이오 기반 플라스틱 역시, '바이오HDPE', '바이오LDPE', '바이오PS'로 표기하여 각 석유계 플라스틱과 함께 재활용하고 있다.

걱정 많은 어른들을 위한 화학 이야기

첫판 1쇄 펴낸날 2022년 9월 5일
3쇄 펴낸날 2023년 9월 27일

지은이 윤정인
발행인 김혜경
편집인 김수진
책임편집 조한나
편집기획 김교석 유승연 김유진 곽세라 전하연
디자인 한승연 성윤정
경영지원국 안정숙
마케팅 문창운 백윤진 박희원
회계 임옥희 양여진 김주연

펴낸곳 (주)도서출판 푸른숲
출판등록 2003년 12월 17일 제2003-000032호
주소 서울특별시 마포구 토정로 35-1 2층, 우편번호 04083
전화 02)6392-7871, 2(마케팅부), 02)6392-7873(편집부)
팩스 02)6392-7875
홈페이지 www.prunsoop.co.kr
페이스북 www.facebook.com/prunsoop 인스타그램 @prunsoop

ISBN 979-11-5675-985-0(03400)